U0272812

"锦绣中华行"系列丛书

熊赳赳畅游黄河（普及本）

黄河生态环境保护

主　编 许　强　黄　寰

副主编 林汐璐　王　潇

编　写 刘泓瑶　陈俊邑　赵宽耀　谯　恒　刘攀峰
　　　　刘　磊　肖　义　骆睿锐　瓦尔木呷

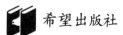

希望出版社

图书在版编目（CIP）数据

熊赳赳畅游黄河（普及本）黄河生态环境保护 / 许强、黄寰主编. —太原：希望出版社，2023.1

（"锦绣中华行"系列丛书）

ISBN 978-7-5379-8801-8

Ⅰ.①熊⋯　Ⅱ.①许⋯②黄⋯　Ⅲ.①黄河流域—生态环境保护—少儿读物

Ⅳ.①X321.22-49

中国版本图书馆CIP数据核字（2023）第241600号

图片代理：  www.fotoe.com

XIONGJIUJIU CHANGYOU HUANGHE (PUJIBEN)·HUANGHE SHENGTAI HUANJING BAOHU

熊赳赳畅游黄河（普及本）·黄河生态环境保护

出 版 人　王　琦
责任编辑　张　平　孙晓夏
复　　审　宸源雪
终　　审　田俊萍
封面设计　王　蕾
责任印制　刘一新　李世信

出版发行　希望出版社
地　　址　山西省太原市建设南路21号　邮编：030012
经　　销　新华书店
印　　刷　山西基因包装印刷科技股份有限公司
规　　格　720mm×1000mm　16K　印张：11
版　　次　2023年1月第1版
印　　次　2023年1月第1次印刷
印　　数　1—5100册
书　　号　ISBN 978-7-5379-8801-8
定　　价　28.00元

目 录

第一章　黄河上游的环境保护与治理

第二章　黄河中游的环境保护与治理

第四章 黄河下游的环境保护与治理

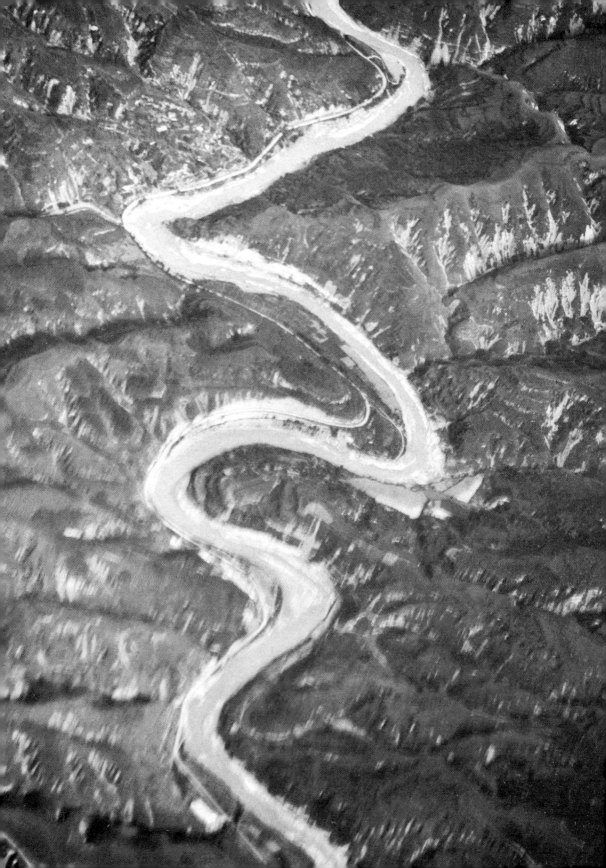

前　言

　　黄河，发源于青藏高原巴颜喀拉山北麓，奔腾向东，流经青海、四川、甘肃、宁夏回族自治区、内蒙古自治区、陕西、山西、河南及山东9个省（区），最终注入渤海。中华文明主要发源于黄河流域，所以人们亲切地把黄河比作"母亲河"。黄河虽然承载着万千文明，也孕育了万千生灵，但它也是一条难以驯服的巨龙，横亘在祖国大地之上。

　　黄河上中游植被因屡遭破坏，水土流失严重，黄河流过千沟万壑的黄土高原时，又带走了大量的泥沙，因此有了"一碗黄河水半碗沙"的状况。大量的泥沙在下游沉积，黄河的水位不断增高，形成了"人在地上走，船在天上行"的"地上河"。巨龙稍微一挪动身躯，就会给老百姓带来巨大的灾难。黄河频繁决口与改道，闯下的祸事不少。自古以来中国人民就和黄河水患进行着斗争，黄河的治理也是历朝历代的头等大事，只有保障黄河长治久安，百姓才能安居乐业，过上幸福的生活。

　　同时，只要做到除害兴利，统筹规划，大力推动生态保护治理，就能推动黄河流域高质量发展，改善民生。植树种草，保护生态多样性；调整流域内的农业结构，减少用水量；科学种田，实施节水灌溉新技术……我们在路上。

▼黄河沙坡头弯道

第一章 历史上的黄河治理

意义非凡的黄河治理

黄河的水情变化多端，十分复杂，治理黄河一直是历朝历代安民兴邦的大事。

从人们熟知的"大禹治水"开始，历朝历代都十分重视黄河的治理：汉代有"贾让三策"，宋代人们提出"宽立堤防"，明代潘季驯提出"束水攻沙"……在此期间黄河也曾出现过相对稳定的时期，只不过问题没有从源头上得到解决，一直困在"修堤—淤积—决口—改道"的循环里。在新中国成立以前，我国的治河工作一直有些局限，人们多为被动地抵御洪水灾害，而且主要集中于治理黄河下游，几乎没有治理过黄河中上游。

勤劳且聪明的先人们，在长期的实践中，对黄河的认识在一步步深化，治理黄河的技术也在不断改进。

▼大禹治水塑像

大禹的智慧

清晨的阳光透过窗帘，暖洋洋地洒在熊赳赳的床上。赳赳缓缓地睁开了惺忪的双眼。洗漱完毕，赳赳就在阳台上读起了课文："黄河之水天上来，奔流到海不复回……"

在厨房里忙着做早饭的爷爷听见赳赳琅琅的读书声，嘴角轻轻上扬，脸上露出了满意的笑容。没一会儿，爷爷就端出了热气腾腾的早餐："赳赳，快来吃饭啦。"

餐桌上，赳赳问道："爷爷，这黄河之水当真有如此气势？奔腾着流向大海？"

"那是当然了，这黄河的力量非常强大。不过也正因为如此，黄河还给黄河流域的百姓带来过很大的灾难呢。"爷爷感慨地说道。赳赳点了点头，觉得爷爷说的有道理。

爷爷继续说："人们和黄河的抗争

知识点

洪水，又被称为大水，是自然灾害的一种。由暴雨、急骤融冰化雪、风暴潮等自然因素引起的江河湖海水量迅速增加或水位迅猛上涨的水流现象。严重时会威胁到人民群众的生命财产安全，造成灾害。

呀，可以追溯到上古时代呢。"

"上古时代，就是尧舜禹时期吧。"赳赳喃喃说道。

"对的。那时，中原地区经常暴发洪水，百姓们的房屋和种植的庄稼经常被洪水冲毁，人们的生活苦不堪言。尧帝认为长期这样下去也不是个办法，就在某一天，他召集各个部落的首领，让他们推荐自己知道的治理河水比较厉害的人物。"爷爷边说边给赳赳剥了一个鸡蛋。

知识点

准绳，测定平直的器具，比喻言论、行动等所依据的原则或标准。

规矩，是画圆形和方形的两种工具，比喻一定的标准、法则或习惯。

知识点

龙门，这里所指的龙门位于河南省洛阳市，并非四川盆地内的龙门山脉。

"是大禹吗？我之前好像听过大禹治水'三过家门而不入'的故事。"赳赳问道。

爷爷摆摆手说："赳赳这就说错了，最先被推举的是鲧，也就是大禹的父亲。鲧当时采用的方法是在河流两岸修建河堤的障水法，简单来说就是修高堤坝，将水堵住。但是整整九年过去了，水患还是没能被有效治理，鲧被继位的舜放逐羽山而死。"

赳赳挠了挠头，问："那大禹是采用怎样的办法治水的呢？"

爷爷答道："大禹接手父亲工作的同时，也默默下定了治水的决心。他和同伴一同考察中原地形，跋山涉水，翻山越岭。相传大禹发明了测量工具——准绳和规矩，这可是最最原始的测量工具。大禹总结了父亲的经验教训，改堵为疏，利用水往低处流的自然规律，引导黄河水流入大海。"

"鲧将水堵住，却没有考虑到水积累越多力量越大。大禹借着地势，遵循客观规律，没有将水粗暴地堵住，而是将水引入疏通的河道或者湖泊，这样反而降低了危险性。看来大禹比他的父亲更聪明呢。"赳赳说道。

"治水是一门技术活，确实讲究智慧。大禹用他的双脚丈量着大好河山。每到一个水患泛滥的地方，他就到处发动群众和他一同施工，大禹通常干得比别人更卖力，要等到月亮出来才在工地里休息。"爷爷顿了顿后问道。

"就像大禹治水一样，做什么事情都要坚持。"赳赳暗下决心，也要做一个有毅力的孩子，早日实现自己的梦想。

爷爷继续说："大禹全方位观察了龙门的地形，选择了一个容易开凿的地方，用最小的人力凿开了龙门，水便从龙门成功泻出。他还通过开凿山里的积石打通了青铜峡。他治理黄河花费了大约13年的时间。从此，黄河水欢快平缓地流向大海，黄河流域

▲ 尧帝雕像

▲宁夏回族自治区青铜峡水电站大坝

小小科学家的话

"大禹治水"的故事被人们传唱了四千多年。大禹是我国历史上第一个成功治理黄河的英雄，被他治理过的地区，也被人们称为"禹域"。大禹为天下万民兴利除害，因公忘私，三过家门而不入，任何事情都亲力亲为，赢得后人敬仰。

▼ 大禹治水石雕

的大量土地也变得肥沃，人们从此过上了幸福的生活。"

"看来大禹的功劳确实很大。古代没有先进的工具和技术，只能靠人力，确实蛮辛苦的，也很磨炼人的意志。"起起若有所思地说道。

"大禹治水有功，舜觉得大禹确实有才能，便将君王之位传给了他。人们也尊称大禹为'禹神'。"爷爷说道："快吃饭吧，等会儿该凉了。"

起起没有说话，心想着自己如果有机会，一定要亲眼看看黄河。

历史上最早的大型灌溉工程

赳赳哼着小曲儿，一蹦一跳地走在放学回家的路上，碰巧路过一个卖书的地摊，他瞬间就被各式各样的小人书给吸引了。赳赳凑近一看，有一本关于黄河的书，想着前几天爷爷刚给自己讲了黄河，不如再看看有什么冷门的知识，回家好考考爷爷。

赳赳一回到家就大声喊："爷爷，爷爷，我考您个关于黄河的问题！"

爷爷将赳赳的书包取下，说道："哈哈，我可不怕你哟，尽管问！"

"您知道是谁破除了河伯娶妻的迷信吗？"赳赳其实也只了解了个大概，时间太匆忙并没有仔细阅读。

爷爷说道："这是战国时期的事情吧。古代的人们由于对大自然认识不足，总会去相信一些超自然的力量。当时古漳河的河水肆意泛滥，给邺县百姓的生产生活带来了莫大的灾难。西门豹到邺县做官后，发现当地的巫婆在糊弄百姓，说是要给河伯娶妻——将美丽的女子扔进河里，才能平息水患。"

"对！就是西门豹。当地的百姓相信巫婆，整天做法祭祀，这样怎么能真正治理河水呢。"赳赳为当地百姓感到难过。

"西门豹一眼就识破了巫婆的诡计，他决心带领百姓用实际行动来整治漳河，他主持修建了著名的引漳十二渠，这是黄河历史上最早的大型灌溉工程呢。"爷爷补充道。

知识点

漳河，地处我国华北地区，发源于山西省东南部太行山腹地，全长400多千米，属于黄河水系，后因其改道而被纳入海河水系。

"那西门豹具体是怎样修建工程的呢？"

"你别急，爷爷正要给你讲呢。当时邺县土地多被荒废，一个很重要的原因就是灌溉水源不足。西门豹将漳河按照高度分为十二段，每一段都筑起高高的大坝，防止河水因涨水而溢出，同时每一段也向外挖一条水渠，以便灌溉。这就是著名的'磴流十二，同源异口'。"

爷爷抿了一口水，又继续说："漳河水较为浑浊，泥沙较多，用漳河水浇灌田地，增加了土壤的肥力。庄稼因此得以茁壮成长，粮食产量也大大提高，邺地百姓的生活也渐渐好了起来。"

"那西门豹真是一位贤良的人，不仅能破除迷信，还能带着百姓劳动致富。这引漳十二渠现在还在吗？"赳赳边

▼ 漳河

小小科学家的话

古漳河是黄河的一条支流。引漳十二渠的修建推动了魏国的经济发展，增强了其经济实力。新中国成立后，在党中央的领导下，人们在漳河上修建起了大大小小的水利工程：岳城水库、漳泽水库、红旗渠等。这些工程不仅有助于提高农业产量，也在一定程度上减轻了洪涝灾害。

说边眨巴着大眼睛。

"这个问题问得好！许多河流总是会随着历史的变迁而改道移址，修建在河流上的各种工程也会因实际需要而更迭。这十二渠的名字也在不断改变，曹操当年曾在原有工程的基础上加固完善，并将其改名为天井堰。新中国成立后，我们国家在漳河上因地制宜地修建了很多水库，形成了更为广阔的灌溉区。"

赳赳想了想，问："那就是说以前的渠没有用了，被新的取代了。"

"对，现在形成的呀，叫漳南灌区。原来的引漳十二渠也早已完成了自己的使命啦。"爷爷看了看时间对赳赳说："不早了，先吃饭，我们下次接着讲。"

▼ 西门豹治邺雕塑

古代三大著名水利工程之一

——郑国渠

熊赳赳最近听爷爷讲黄河的故事听得入了迷，每次学到什么新知识就会想，会不会与黄河有关，学习功课也越来越认真了。这天，爷爷来接熊赳赳放学，赳赳一看见爷爷，就感叹道："爷爷，我们今天上了历史课，这秦国也太厉害了吧，能灭掉六个诸侯国，一统天下！"

"在这个过程中，有没有什么与黄河有关的故事呢？"赳赳继续问。

爷爷仔细想了想，说："赳赳这么一说，我还真想到一个有趣的故事。"

"赳赳知道在秦始皇统一天下之前，有一个韩国的诸侯国吧。"

"我知道！韩国在秦国的东边，没有秦国强大。"赳赳自信地说。

"秦国有一个名为郑国渠的大型水利工程，这是那时候关中地区有名的水利工程呢。"爷爷说道。

▲ 秦始皇

"爷爷，这秦国的工程，为什么要叫郑国渠呢？这又和韩国有什么关系呢？再说，秦灭的六个诸侯国也没有一个名为郑国的诸侯国呀？"赳赳想不明白。

"哈哈，郑国是一个韩国水利专家

的名字。"爷爷笑得合不拢嘴。

"韩国是秦国的邻国，坐落在其东边。秦国一旦要开始扩张领土，讨伐各国，韩国必当最先受到威胁。韩国采用了一个'疲秦'的办法，派郑国到秦国去劝说秦王修建水渠，将泾水引到洛水。修建水渠需要大量的人力、物力和财力，韩国想以此来转移秦国的注意力，让秦国没有心思讨伐韩国。"爷爷说道。

"那秦王有没有相信呢？"赳赳疑惑地看着爷爷。

爷爷继续说道："秦王经过多方考量，他想着开凿水渠也是有利于百姓的事情，就采纳了郑国提出的建议。但没过多久，韩国的小心思就被秦王识破了。秦王当时十分气愤，打算杀掉郑国。郑国却说：'修建这个水渠虽然可以为韩国增加几年苟活的时间，但对于秦国来说，这是千万年的功绩啊。'秦王也并非莽夫，听

▲ 郑国渠大坝遗址石刻

郑国这么一说，觉得很有道理，便让他继续修建水渠。

"历经十年，水渠修建成功。西起泾河，东至洛水，全长300多里。关中地区本就十分干旱，粮食的收成也不尽如人意。郑国渠的修建，引来了滔滔不绝的黄河水，黄河水带来的大量泥沙，让关中的土地肥沃了不少。盐碱地也因为黄河水的引入而改善了不少呢。"

赳赳若有所思，说："这郑国对秦国来说可是大大的功臣啊！"

爷爷点了点头说："有了这条水渠，秦国的实力不减反增，粮食的储

◀ 郑国雕像

小小科学家的话

郑国渠和灵渠、都江堰并称中国历史上三大著名水利工程。灵渠（又称秦凿渠、零渠），公元前214年竣工，在现在的广西壮族自治区兴安县境内。都江堰位于四川省成都市都江堰市城西，由李冰父子主持修建。

备也多了起来，为秦统一天下奠定了很重要的基础呢。后来，人们认为郑国修渠有功，就用郑国的名字来命名此渠。

"郑国渠是第一条引泾水灌溉的渠，后人在此基础上也不断完善水利设施，修建了许多引泾水工程，这是一代又一代人的智慧结晶。"

赳赳和爷爷说着说着就走到了家门口，赳赳心想：有机会一定要去看看郑国渠遗址，有着历史厚重感的这个地方，到底有着怎样的风采呢？

▼郑国渠引水口遗址

治河三策

几天过去了，熊赳赳心里还惦记着爷爷讲的郑国的故事，他是打心底里佩服郑国的魄力和治水的能力。看见爷爷在阳台上浇花，赳赳便跑过去问："爷爷，历史上除了郑国以外，还有没有治理黄河的能人呀？"

"当然有啦，这可太多了，那我就按时间顺序，给赳赳讲一个西汉末年的故事吧。故事的主人公叫贾让。"爷爷拉着赳赳坐到了沙发上。

"贾让的治理有着他自己的特色，他不像有些治水专家，只是治理河流某一个流域的问题，而是提出了综合治理的方法。"爷爷说道。

"爷爷，这综合治理是什么意思呢？"赳赳一边问一边说道。

爷爷回答道："综合治理就是将黄河看成一个整体，在不同的流域采用不同的治理方法。"

"哇，那贾让真是一位考虑周全的人。"赳赳说道。

"这可不是拍脑袋产生的想法，贾让不仅饱读历史上治理黄河的书籍，他的足迹还遍布黄河流域。赳赳可知道，许多事情没有实地调查，就不能妄下结论呀。"爷爷借着这个事情给赳赳解释实践的重要性。

"嗯嗯，这个我知道。那当时的黄河是什么样的情况呢？"赳赳说出了心中的疑问。

"那个时候呀，皇帝很重视堤防的修建，用了不少钱，也专门设置了人员来负责管理黄河。只要你有才能，能说出自己的治河观点，便可能被重用。贾让便毛遂自荐，向皇帝上书阐明了自己的见解。"爷爷顿了顿后又继续说："那个年代黄河流域灾害不断，其实，纵观历史，人们一直在与黄河斗争着呢。

"贾让的上策是，在今河南滑县一带人工修建河道，以此改变河流的走向。因为'地上河'已经形成，想要消除很困难，所以他主张让人们不和黄河较劲。这样做须付出很大的代价——河水失去了控制便会冲毁大量的房屋和农田，这片流域的居民需要大面积搬迁。"爷爷说道。

"爷爷说得对，但是这样做了，河流就能没有阻拦地奔流入海。"赳赳还没说完，爷爷便接着说："那片流域的西边有着无数座连绵的山峰，东边有高大的堤坝，这样洪水就不会打扰到其他区域。"

"我明白啦。那贾让的中策是什么呢？"赳赳接着问。

爷爷抿了一口茶，说："就是在冀州区域修建闸门，将水分流，以此消减水势。这样不仅可以引黄河之水浇灌农田，还可以减轻下游的防洪压力。下策就是加固增高原来的堤防，贾让认为这个办法会耗费人们大量的时间精力，却不会有好的效果。"

"所以上策最佳，中策也可行，下策就是没有办法的办法哟。"赳赳明白了。

"除了最基本的治理，贾让还提出了一个全新的治理洪水的办法，就是在下游设置专门的滞洪区，以此达到'使秋水多，得有所休息'的目的。他也是我们国家第一个提出黄河除害兴利规划的人，综合地利用黄河的水资源发展航运，让原本干旱的土地变为良田……贾让的三个策略虽然有理有据，但是后人对其三策的看法颇多，褒贬不一。这个也是可以理解的，每个人的看法都会不同嘛。"

赳赳看时间不早了，便对爷爷说："爷爷，我要去写作业啦，下次您再给我继续讲治理黄河的故事哟。"

小小科学家的话

"贾让三策"，是我国历史上保留下来的较为全面且最早的一篇治理黄河的文章。东汉史学家班固将这1000多字完整记录在了《汉书·沟洫志》中。"贾让三策"对后人治河有着深远的影响，也是我国历史上治河思想的重要遗产。

王景治河，千载无恙

熊赳赳做完周末作业，对着窗外发呆，时而想着数学老师在黑板上留下的习题，时而想着爷爷讲的黄河故事，思绪就这样慢慢飘远了。

赳赳心里想，既然历史上有许多人都在治理黄河，为什么黄河每个时期都会发生灾害呢？这黄河的"脾气"也太不好了吧，稍微挪动一下身躯，就会给两岸的百姓带来如此大的危害。难道就没有人能治理好黄河吗？

赳赳疑惑着，打开电脑，搜索了起来。"王景治河，千载无恙"的词条一下子映入了熊赳赳的眼帘。给赳赳送水果的爷爷这时正好走了进来。

"爷爷，这王景是何方神圣，在他治理之后，黄河居然800多年都没有发生大的改道，这也太不可思议了吧！"赳赳问道。

知识点

决口，就是人们修建的堤防建筑被大水或其他因素破坏，导致洪水不停翻涌而过的现象。

浚仪，今属河南省开封市。

"哈哈，王景治河确实厉害，但网络上说的千载无恙也有一点夸张啦。"说着爷爷将一块苹果送进了赳赳的嘴里。

爷爷继续说道："这是发生在西汉末东汉初的事情。王景从小就十分好学，天文地理均有涉猎。那时的黄河经常决口，浚仪渠被大水冲毁后，王景被派去治理。他采用了一种特殊的分流方式——在堤坝的一侧设置专门的通道来分流，以保证主渠不被摧毁。王景成功治理了这次水患，一来二去，王景擅长治河的事情就传

▲ 王景雕像

开了。"

赳赳接着问："那他是怎样治理黄河的呢？为什么爷爷说千载无恙有些夸张呢？"

爷爷将原因娓娓道来："当时黄河下游洪水泛滥情况严重，没有任何修复、围堵的设施。东汉明帝几次想派人去治理，却因为众人意见不一而搁置数年。明帝听说王景治河有方，便召见他议论此事。当时汴渠向东侵入，泛滥成灾，王景认为应当将黄河、汴渠一同治理，才能解救水患之中的

百姓。"

"明帝一定是认为王景说的有道理，便让他去治河吧。"赳赳说道。

"王景上任后做的第一件事就是修建黄河大堤，从荥阳一直延伸到千乘县（今山东高青县东北）入海口，这千余里的大堤是十多万人共同努力的结果，工程量巨大。第二件事就是重新整治汴渠的渠道，修建了许多'水门'。'水门'每隔10里就有一个，是用来排泄淤积物的设施。泥沙等物的积累正是形成'地上河'、导致黄河改道的主要原因，有了'水门'的层层过滤，泥沙也就不能捣乱了。王景还专门在河流旁边设计了放置淤积物的沼泽。"爷爷接着说："网络上说的千载无恙，有两种解释：一种是黄河在此次治理后，800多年里没有改过道。另一种是说黄河在800多年里没有了灾害。王景治河之后，黄河的灾害确实有所下降，河道出现了相对稳定的时期。但据史料，1048年黄河就有向北迁徙改道的记载。"

"爷爷说的有道理，千载可能并不是真正年份上的千年，而是人们对他治理黄河功效的一种称赞。"赳赳向爷爷表明了自己的看法。

爷爷回答道："东汉灭亡之后，生

活在中国北方的游牧民族不断发展
壮大，他们不擅农耕，喜放牧，没有
过度开垦，水土流失自然也减少了。
之后的每一个朝代都十分重视黄河
的治理，所以也不能将黄河灾害减少
全都归功于王景。"

"没准也和自然环境变化有关，
可能是干旱的年份减少，植被茁壮成
长，自然水土流失也会减少，哈哈。"
赳赳笑着说道。

"但是王景确实是一位能人，他
勇担责任，给百姓带来了安稳的生

小小科学家的话

在王景治理黄河的过程中，他前期
观察流域地形，将阻挡河流的山丘打
通，以便让河水顺利通过，还将河道
里的石滩清除，加固某些不稳固的堤
坝……经王景治理之后的黄河，河水从
原来河道和泰山山间的低处流过，水流
平缓通畅。

活，这都是值得我们尊重的。"爷爷
边往外走边说："大概就是这样啦，
赳赳可以再在电脑上查查相关的资
料哦。"

黄河花园口景区，花园口水利枢纽

于谦与铁犀镇河

熊赳赳在语文课上新学了一首古诗，老师布置的作业就是当天背诵熟练，第二天在课堂上默写。熊赳赳写完其他作业就背起了古诗："粉骨碎身浑不怕，要留清白在人间。"

赳赳背熟之后，信心满满地去给爷爷背诵。听赳赳背完，爷爷开口了："赳赳可知道，这于谦和黄河之间还有一个不寻常的故事呢。"

赳赳仔细回想了老师上课所讲，说："这个我还真不知道，老师只讲了于谦在军事、政治、文学上都有着不凡的成就，但是没有讲和黄河有关的事情。爷爷快给我讲讲吧。"

爷爷笑了笑，说道："于谦还主持过黄河的治理呢。河南省的开封县紧邻黄河，时常遭受灾害。于谦了解到这个情况之后，怎能坐视不管，他一心想要除去水患，使百姓安定。

"于谦亲自乘着小舟去黄河查看水情，他从开封出发，抵达中牟渡口又折返。他看着波涛汹涌的黄河和高出地面几米的河床，想到这河水一旦冲破堤坝，整个开封城就会陷入水深火热之中，他回到府中，就开始发动百姓，准备治理黄河。"爷爷滔滔不绝地讲了起来。

赳赳心想：这于谦真是一位说干就干的实干家呀，做起事来不含糊！

爷爷继续说："于谦将人们召集起来，将原有的堤坝加固，将有破损的地方堵上。还在黄河岸边每隔五里就修建一个亭子，选出亭长驻守巡逻看护大堤，如果发现黄河有异动就立刻修缮。除此之外，他还大量收购柴草，放置在大堤两侧，随时准备抗洪。"

赳赳听后说："加固大堤是很平

常的方法，这于谦有没有什么新的措施呢？"

爷爷想了想，回答道："于谦充分发动群众，利用群众的力量修建黄河大堤，对抑制水患起到了很好的作用。但在修建大堤的路上，看到许多行人因为天气炎热而中暑昏倒，甚至死亡。于谦就下令在黄河沿岸种植树木，不仅可以保持水土、防风固堤，还可以为人们遮阴。每隔几里地就打一口井，以便行人取水，而且这些都是免费的呢。在于谦的任期内，黄河在开封附近几乎没有出现过灾害。"

赳赳为于谦的治理有方竖起了大拇指。

"这里还有一个有趣的传说，于谦有一天在黄河岸边的大树下，遇到了一位老人，老人告诉他开封有两大害，一是贪官，现在已经解决了；另外一个是水怪，需要请来铁犀。于谦认为这是上天对他的指点，回去之后就开始琢磨这铁犀的事情。"爷爷说道。

爷爷说："于谦回去后左思右想，决定铸造大铁牛，并将其取名为'镇河铁犀'。他找来城里的工匠设计铁犀的样貌，每一个环节他都亲力亲为，最后半蹲半立的铁犀跃然于纸上。他和工匠们一起在炉边熔铁铸犀牛，连皇上送的蟒袍也被火烧了几个洞。后来他去拜见皇上，皇上不但没有生气，听了事情的缘由还拨了款用于治理黄河呢。"

赳赳马上提出了自己的疑问："难道这大铁犀真的能镇住黄河水吗？我怎么有点不相信呢？"

爷爷解释道："铁犀做好之后，就被安置在了护城堤上，远远望去，就像一位魁梧庄严的战士守护着黄河。铁犀给百姓们带来了心理上的安慰。一次深夜，狂风四起，浪响震天，开封城的百姓们纷纷被惊醒，

◀明代镇河铁犀

▲ 黄河风光

于谦赶到黄河边看见黄河水就要翻过大堤了，人们都有些退缩，不敢上前排洪。有些官员劝于谦到安全的地方指挥，他却说'如怕身骨碎，清白岂可留'。人们深受感动，全都动起手来，一起抬土、堵洞。渐渐地水势变小，洞也堵上了，人们都说这是铁犀显灵了，并纷纷称赞于谦的英明神武。"

小小科学家的话

铁犀曾因黄河决口而被泥沙埋在很深的土里，清朝的时候才被挖出来。铁犀的存在是中国古代大地遭到黄河水患侵扰的见证。

爷爷继续回答赳赳的问题："铁犀镇河当然只是当时人们美好的愿望啦，它寄托着人们对自然的敬畏之心。"

▼ 河南开封古城

潘季驯与束水攻沙法

"爷爷，我们上次说到自然环境因素也会影响到黄河。我昨晚睡觉前突然想到，这朝代的更替会不会影响到黄河的治理呢？"赳赳一回到家，没有闹着要吃饭，反而放下书包坐到了爷爷身边。

爷爷放下手中的报纸，说道："这是必然的，历史上的大多数朝代都设立了专门管理黄河的机构。朝代更替，人员、机构设置都会改变，很有可能出现无人管理的情况。元朝灭亡，明朝刚刚开始的时候就是这样的。"

"还真的会呀，爷爷快仔细讲一讲吧。"赳赳迫不及待地望着爷爷。

爷爷便说："明朝初期水患严重，许多地方都被河水淹没，航运也受到了影响。古时候，交通工具没有现在发达，多用船来运粮食。河道被毁，

知识点

关于分流，明朝治河家徐有贞还特地拿壶做了实验，五个孔的壶泄水比一个孔的壶更快，证明了分流泄洪效果会更好。

运往京师的粮食安全就得不到保证。许多治水专家纷纷上阵，他们多提倡'北堵南分'的方法。北堵，就是在黄河下游的北岸修建大堤，阻止黄河向北迁移和在北岸决堤；南分，就是将黄河水向南边分流，因为北边会影响到漕运，而南边有更多的河流，河水可以顺利地流入海中。"

"这方法听上去还不错呢。"得到了答案，赳赳心满意足，这才准备去厨房看看爸爸煮了些什么好吃的。

爷爷叫住了赳赳："赳赳，你先别走，最精彩的部分爷爷还没讲呢。这

▼淮河风光

样的方法确实有成效，但是治标不治本，河道堵塞是常有的事。有一位名叫潘季驯的水利学家提出了一种新的治水方法。"

赳赳一听到新的方法，瞬间来了兴致，又欢天喜地地坐到了爷爷身旁，等待爷爷继续说下去。

"潘季驯使用的方法叫作'束水

攻沙法'，他四次治理黄河，用了几十年来实践完善'束水攻沙法'。"爷爷看着赳赳说道。

"爷爷，这是什么方法呢？我有点不太明白。"赳赳挠了挠小脑袋。

"束水就是将河流收紧、让它汇聚在一起，攻沙就是用水的力量来冲走河流底层的泥沙。潘季驯认为人的力量有限，而水力大无穷且源源不断向东奔流，用水来清除淤积的泥沙是最好的办法。"爷爷捋了捋胡须说道。

起起感慨道："嗯，这倒真不错。"

爷爷又继续说："这种方法要注意以下几点：其一，'塞旁决以挽正流'，就是将大堤决口的地方堵住，让水全部都流到干流上。干流的水越多，力量越大，就能将更多的泥沙冲走。20年的时间里，潘季驯堵住了数以百计的决口，许多百姓从水患中得以解脱。其二，修建各种堤坝。在原有的河道外修建缕堤，为了防范特大洪水摧毁缕堤后洪水肆虐，又在比较远的地方修建了遥堤。这就好比给洪水上了双重保险。"

起起觉得十分有道理，思考了一下又问道："爷爷，那洪水翻过缕堤，不就会冲毁遥堤了吗？"

"哈哈，潘季驯也考虑到了这个问题，于是他又在这两堤之间修建了挡水的格堤，让清水流回大河，泥沙沉淀在堤坝之间。"爷爷补充说道。

"其三，就是'蓄清刷浑'，淮河与黄河在清口相汇合，淮河泥沙少，水比较清澈。潘季驯就将淮水抬到很

知识点

在潘季驯提出"束水攻沙法"的300多年之后，有西方水利学家提出了采用双重堤坝的治水方法，论文发表后在国际水利界引起了一定的反响。后来人们发现，这不过是"束水攻沙法"的翻版，聪明的中国人早就想到了这样的办法。

小小科学家的话

"束水攻沙法"，其实也存在着一定的局限性。潘季驯没有从源头上治理泥沙，泥沙从上中游流失而下，仅在下游冲沙是不可能根治这个问题的。但潘季驯的方法依然对后世有极大的影响，他还将自己的治河思想写进了《两河管见》《河防一览》《宸断大工录》等著作中。

高的地方，将清水顺势冲入浑浊的黄河，这样更有利于攻沙。但淮水水量不及黄河，效果并没有想象中那么好。"爷爷说道。

"爷爷，听您讲了这么多治理黄河的方法，我觉得这'束水攻沙法'是最棒的。"起起说道。

"哈哈，这治河方法是很多，人们也在不断总结前人的经验，方法当然会越来越好。"爷爷说完后，拉起起起的小手，寻着饭香，走向了餐厅。

铜瓦厢的故事

一天傍晚，赳赳拉着爷爷去公园散步，爷爷突然想起赳赳上次问的问题，便说："其实，黄河治理不仅仅是朝代更替的时候容易出现问题，每个朝代措施的落实程度不同，也会影响到治河的情况。"

"爷爷，可以具体讲一讲吗？"赳赳说道。

"我就给赳赳举一个发生在清朝的例子吧，赳赳可要认真听哟。"爷爷握紧了赳赳的手。

"大约在160年前，黄河在我国河南省一个繁华的小镇发生了决口。那个地方叫铜瓦厢——因为长长的堤坝都贴着亮闪闪的琉璃瓦，就像铜墙铁壁一样。不过可惜的是，这个小镇已经被淹没在黄河河道之中了。"爷爷叹了一口气。

"这好可惜呀，是决口引起了黄河改道，然后将小镇淹没了吗？"赳赳问道。

"赳赳说得对，只不过这次决口对

▼大清河

知识点

大清河，因为河道里的水清澈见底而得名，是我国海河流域的一条十分重要的支流。

黄河有着非凡的历史意义。在这次决口之前，黄河是侵袭着淮河最终流入黄海的，而决口之后呢，便形成了今天的黄河下游走向——向东北注入渤海。"爷爷缓缓道来。

"爷爷，那这次决口是和清朝的管理有关吗？"起起接着问。

"一定程度上确实可以这样说。那个时候清朝正处于动荡的年代，不仅受到帝国主义的压迫，国内的反清斗争也接连不断。许多官员串通一气，向朝廷虚假报账，真正用在治理河道上的钱寥寥无几。更有官员授意河工挖出决口，以此申请更多的钱财。"爷爷说道。

起起想了想说："这简直是致百姓的生死于不顾呀！"

爷爷说："黄河河道年久失修，许多决口已经堵不住了。当然，这不是唯一的原因，那个时候黄河已经是一条堆积得很高的悬河啦，最高的地方能达到13米左右。决口的时候如果碰上了大雨，各路洪水奔腾泛滥，完全没有停歇的趋势。"

赴赴听得有些着急，说道："清政府难道没有采取一定的措施去制止洪水泛滥吗？"

爷爷又叹了一口气，说："铜瓦厢一直以险道著称，总督还亲自坐镇监督抢险，可是大堤都已经塌陷，洪水实在是太难控制了，他们采用了签桩厢埽、抛护砖石等办法，可是几天的抢险根本没有什么成效。"

"所以保护原来走向的河道几乎是不可能的事情了，只有任由其肆意发挥。决口后的20多年里，黄河不断地迁徙摆动，还穿过京杭大运河，注入了大清河，让原本清澈的大清河变得浑浊。"爷爷解释道。

赴赴难过地说："那一定有许多地方遭灾了吧？"

"是呀，这次决口让许多城市被漫天的洪水淹没，人们为了躲避洪水不得不背井离乡。所以，这铜瓦厢不仅仅是一个普通的地名，还承载着一段悲痛的黄河历史。"爷爷说完，看赴赴低着头，沉浸在了无尽的悲伤中。

▼黄海

第二章 黄河上游的环境保护与治理

从冰原到平原的守护

黄河，从流域面积上分为上游、中游和下游。内蒙古托克托县河口镇以上的黄河河段为黄河上游，所占黄河流域面积高达51.3%，较大的支流有43条，径流量占全河的54%。

想要正确发挥黄河至关重要的作用，一定要保护其生态环境，而黄河的地质环境与人类活动共同影响着生态环境，首先让我们跟随黄河的流动了解和认识它的构造与属性。

黄河的形成源于地质历史时期的地质作用，即地壳运动产生的构造力与地理上的侵蚀、搬运与堆积作用。

从黄河源头到内蒙古河口镇这一段被称为黄河上游，从青藏高原辽阔高耸的巴颜喀拉山脉开始起航，流经高原，迂回曲折，有湖泊、草滩为伴。

跨越河源段，迎面而来的是上游的峡谷段，从青海龙羊峡到宁夏青铜峡，水流在山地、丘陵中穿梭。连绵不断的低矮山坡在大地上起伏，使黄河形成无数的峡谷与宽谷。像花岗岩、片麻岩等这类质地坚硬的岩石，黄河流经就会形成峡谷；当岩石的质地疏松，如砂页岩、砂泥岩等，黄河流经就会形成宽谷。龙羊峡、积石

▲ 山东济南，航拍黄河

▲ 黄河浪花

峡、青铜峡、刘家峡、八盘峡等峡谷在大地上展开，峡谷两岸的悬崖峭壁与狭窄的河床形成了垂直高度变化极大的河道，这时的黄河气势雄浑，水流奔腾，有着雄伟的风姿、磅礴的气势和一往无前的精神，正如李白笔下所写："黄河之水天上来，奔流到海不复回。"

　　行至贵德至兰州处，峡谷段还有两条重要的支流汇入黄河，也就是湟水和洮河。从青海省包呼图山起源的湟水，位于青藏高原与黄土高原的交接地带。古时候的湟水及相邻的黄河流域统称"河湟地区"，如今已经成为青海省经济最发达的东部地区。清

代诗人张思宪有一诗名为《湟流春涨》："湟流一带绕长川，河上垂柳拂翠烟。把钓人来春涨满，溶溶分润几多田。"湟水流经的区域草长莺飞，宛如江南，河流清澈见底，悠然的流水，如绢的波光，明明身处豪迈激昂的西北地区，却有着温和恬静的江南味道。发源于青海省西倾山东麓的洮河，年平均径流量53亿立方米，年输沙量0.29亿吨，平均含沙量仅5.5千克/米^3，水多沙少。洮河上一景名为"洮水流珠"，堪称天下一绝。洮河上游的山岩险峻陡峭，高度落差大，冬日天气寒冷，洮河溅起的水珠会冻结为冰珠重新落入水中浮在河面上。这

▼龙羊峡水库

样美丽的景色被当地人视为吉祥的象征，还有很多传说与之相关。甘南境内有比"洮水流珠"更为壮观的景象，这些流珠在河床平缓狭窄处越积累越厚，一夜之间就会形成一座自然天成的冰桥，当地人和他们的牲畜甚至能安全通过冰桥。

将目光再次跟随黄河移动，来到宁夏青铜峡到内蒙古托克托县这一河段，这里是黄河上游的冲积平原河段。这时候的黄河流经区域为荒漠和荒漠草原，水流平稳，河床平缓，河流挟带的泥沙沉积形成了大片的冲积平原，比如著名的银川平原和河套平原。

曾经，我们不正确的开发活动造成了对黄河的伤害。但很快，我们意识到了自己的错误，从此守护黄河，我们一直在路上。在黄河上游的旅途中，我们能看到一些奇特的建筑，一个河段接一个河段的水利枢纽工程；呈阶梯状的黄河水电站；使黄河之水涌上山川的电力提灌站；万里黄河第一闸的三盛公水利枢纽……

▼青海循化积石峡

守护上游生态的"安全之门"

熊赳赳今天一回到家就闷闷不乐，吃饭的时候看见最喜欢的菜也无精打采。饭后，爷爷担心地来到了赳赳的房间。

"赳赳，今天回家怎么不开心呢？"爷爷边说边摸了摸赳赳的头。

"爷爷，有同学说黄河经常发生灾害，还说黄河是坏蛋河，我告诉他黄河是我们的母亲河，他说我在乱说！"赳赳说完之后觉得更委屈了，满眼泪花。

爷爷安慰地说道："赳赳没错，虽然黄河的确给人们带来过灾难，但是黄河孕育了中华文明，而且自从新中国成立后，黄河再也没有发生过大的灾难，因为我们比以前掌握了一个关键点！"爷爷露出了慈爱的笑容。

赳赳的好奇心此时完全被勾了起

知识点

在中国的古代与近代，人们对黄河进行开发利用，破坏了环境，而且在保护层面缺乏系统性与彻底性的认知，忽略了黄河上游地区的重要意义与价值，因此针对黄河的保护措施基本上没有涉及上游地区。

来，难过的情绪也一扫而空，他摇着爷爷的手臂，急忙追问："是什么？是什么关键点？"

"别急，听爷爷慢慢讲来。"

"无论是在古代还是近代，人们都一直在对黄河的资源进行开发利用，同样这也给黄河的环境造成了非常大的污染和破坏，黄河受到了伤害就会'生病'，就会发生灾害，但那时候的人们总是忽略黄河的上游，治理措施也是治标不治本。"

▼甘肃兰州黄河两岸风光

"爷爷，黄河上游为什么这么重要？新中国成立后，我们对黄河上游采取措施了吗？具体的治理措施是什么？"

爷爷笑了笑说："从黄河的流域面积来说，黄河上游就占据了一半；从黄河的能源资源来说，位于黄河上游的甘肃省，有色金属储量极其丰富，耳熟能详的'黄金走廊'与'冶金谷'就在以甘肃兰州为中心的黄河沿岸地区。

"新中国成立后，国家十分重视黄河上游的治理，在近几年的治理中，特别提出了'生态补偿长效机制'来治理黄河，赳赳听说过吗？"爷爷笑眯眯地问道。

这可把赳赳难住了，赳赳摸了摸头对爷爷说道："爷爷您快讲吧，我不知道。"

"国家在上游推进实施一批重大生态保护修复和建设工程，而生态补偿长效机制就是实行的具体方案，政府和中下游地区要帮助上游地区一起守护黄河上游的生态环境，就爷爷前面讲到的甘肃兰州来说，它作为一个传统重工业城市，就需要做出实质性改变，哪怕是会损失很多利益，但只要是把黄河保护好、治理好，就是对

知识点

生态补偿机制是建立在"受益者付费，破坏者付费"这一基本原则上，对参与生态保护和建设的相关方的利益关系做出的制度性安排。它通过建立和健全流域内上中下游地区间的生态受利与受损关系，灵活运用多种多样的补偿方式，加大黄河上游流域的生态环境建设投入，对黄河流域各省（自治区）的环境保护责任进行合理分配，从而达到保护生态环境的目的。

国家和民族最大的贡献。"

爷爷继续讲道："我们要保护上游水资源的生态功能，核心是要提升水源涵养能力，保护好上游的植被，沿黄河上游的污水处理厂、垃圾填埋场等基础设施也会受到限制。我们想要打造一扇保护上游生态的'安全之门'，并且守护它，其实是多方面多角度的。

"今天已快到睡觉时间了，等周末爷爷再给赳赳仔细讲讲，好吗？"

赳赳抬头看了看墙上的钟表，说道："爷爷，晚安，您周末千万别忘记呀。"

睡觉前，赳赳望着窗外的月亮，心想：我长大也要成为保护黄河的人。

为上游源区穿上漂亮衣服

周末一到，熊赳赳就和爷爷约好时间，知识小课堂正式开课。

"赳赳，爷爷上次讲到了保护上游水资源的核心是保护上游的植被。如果植被受损，就会发生水土流失，也就是裸露的土地受到雨水的不断冲刷后，表面的泥土被水流带走，土地露出了岩石，变得光秃秃。

"黄河源区位于青藏高原腹地，生态环境脆弱，近年来气候变暖，气温升高，蒸发量加大。高寒干旱的气候条件与恶劣的水热条件使源区的土壤浅且薄，如果夏秋季节有暴雨，严重情况下就会发生泥石流。

"除了自然因素，人为因素也造成了很大的危害，部分草地过度放牧，部分森林过度采伐，等等，使局部地区植被退化，加剧了水土流失。脆弱的自然环境与人类过度的开发活

知识点

修建谷坊是治理冲刷沟的简便方法，在沟中修土坝、石坝和插柳条等用来拦截泥水。坡改梯是把坡形改成梯形台阶状，将不利于保土、保水、保肥的山坡改造成梯田，方便种庄稼并有利于获得丰收。防洪堤是专门为防止河流泛滥修建的堤坝。

动，使上游源区生态环境更加恶化，现如今黄河源区的水土流失面积已达到了源区总面积的37%。

"更令人揪心的是源区的水土流失情况复杂，除了常见的水力侵蚀外，还有风力侵蚀与冻融侵蚀。"

听到这里，赳赳的眉毛都聚在一起开会，心里想：这可怎么办呢?

爷爷轻轻拍了拍苦恼的赳赳，继续说道："兵来将挡，水来土掩，我

▼露天矿区

知识点

水土流失通常是指土地表面受到水流侵蚀，使土壤资源和生产力受损。水土资源不合理地开发破坏地表覆盖物，水流冲蚀裸露的土壤，造成表土流失、心土流失和母质流失，最终使岩石暴露。

知识点

水源涵养功能提升的核心是保护好本土原生植被，坚持综合治理、系统治理、源头治理的原则。实施退耕还草还湿，加大对草原沙化、黑土滩化、盐碱化等问题的治理力度。修建水土保持、生态修复、地表蓄水等工程，保护本地生态系统，大力修复生态环境，增强水源涵养能力和地表蓄水能力。

小小科学家的话

三江源自然保护区地处青藏高原腹地，"三江"指长江、黄河和澜沧江，它是中国面积最大的自然保护区，也是世界高海拔地区生物多样性最集中的地区和生态最敏感的地区。

们当然也有治理的措施。

"治理的重点是对主要水土流失区进行综合治理，有工程措施与生物措施。工程措施指修建谷坊、坡改梯、防洪堤等，生物措施指植树造林、改善天然草场的植被等。

"不仅如此，根据黄河的生态环境特征与受损情况，我们的治理还划分了三种区域：一是西部草原治理区，这一区域是纯牧业区，所占面积也是最大的；二是中部农牧交错地区治理区，这一区域称为半农半牧区；三是北部龙羊峡库区治理区，这一区域的不同点在于它所受的风力侵蚀已经超过了水力侵蚀。"

赳赳全神贯注地听着。爷爷喝了一口水，继续语重心长地说道："治理黄河源区其实不仅利在黄河，它是三江源自然保护区的重要组成部分。而且如果黄河源区的水土流失严重，黄河的水源涵养功能会直线降低，黄河里的泥沙含量会急剧增加，湖泊会堵塞，河床会抬升，连重大水利水电工程设施也会出现危险，所以这可是牵动着国民经济建设的大事。"

"爷爷，我知道了，我们治理上游源区的水土流失就相当于是为它重新穿上美丽的新衣服，这样既保护了它，也保护了与它有关联的很多地方。"赳赳开心地说道。

爷爷摸了摸胡须，和蔼地笑着说："赳赳这样说也很有道理。"

"斗折蛇行"变通途

熊赳赳的地理老师在课堂上播放了一个黄河的航拍视频。黄河水在视频中形成一个巨大的回湾，清澈的河流蜿蜒曲折，水势平缓，蓝天白云，绿草繁花，帐篷炊烟，牛羊骏马，盘旋的雄鹰，如诗如画。

赳赳一回到家就兴奋地向爷爷分享这个美丽的视频，但他的小脑袋瓜里蹦出了一个新的问题：黄河这样弯来弯去，航运的船只岂不是很危险？

爷爷听到赳赳的疑问，说道："赳赳，天然河道其实一般都不能满足现实航运的要求，需要进行航道整治。

"视频里你看到的美景是黄河九曲第一弯，位于黄河上游。上游水道蜿蜒曲折，有很多水浅石多、水流湍急、行船危险的地方，也就是说险滩众多且范围广，沿线还有许多被河水淹没的礁石，非常不利于船只的航运。

"赳赳可知道斗折蛇行这个成语？它指道路像北斗星的排列一样曲折，像蛇一样弯曲行进。用这个词单纯来形容黄河上游的航道情况，真是再合适不过了。

"造成这种情况的一共有四个原因，首先因为河流行至险滩处，水位会突然下降，这时非常容易发生洪水；其次像黄河九曲这样连续弯曲的河道，再加上河道内险滩又多，那么水流流速快而且变化大；还有黄河九曲作为天然河道，可能会存在较浅的水流段，这也是不利于船只通过的；最后是因为水的流态，赳赳可以理解为水流的各种运动形态，在自然界中，水流运动的情况千变万化，只有好的流态才会让船舶的航行更加稳定。"

赳赳听完，急忙问道："爷爷，那怎样才能做好呢？"

"这个时候，我们需要用数值模拟，然后采用物理模型模拟河道的真实情况，对天然河道的不同流量进行分析，核心目的是使河床底部平整，并且整治后的河道的横断面与梯形形态相仿。梯形断面占地较少，结构简单实用。黄河上游通常洪水暴涨暴落，高水位历时短，流量集中，流速大，方便设置保护带，便于河道管理，确保堤防安全。同时我们也会用到一些常规的工程措施，比如疏浚、切咀、填槽等等。"

赳赳听完这些工程措施，脑袋都迷糊啦，不过还是继续认认真真听爷爷讲着。

爷爷补充解释道："疏浚是指疏通淤塞的河道、港口，以便挖宽和挖深河道的水域。切咀是指人为去修饰黄河岸边的形态，从而扩大水流流过的面积。填槽是指平整河流的底部，防

止河水发生下泄，水流量减少。

"整治后的河道航行情况将会得到非常明显的改善，水流量较少的河道水深也能满足航行；河道内紊乱的流态也会消失；连续弯曲的河道水面流速比降减小，河水湍急、礁石繁多、河道狭窄、船只通行困难的地方大大减少。

"2012年的时候，青海省建造了第一条黄河上游水路旅游航道，游客们可以乘坐游船，欣赏黄河上游的美景，有足足62处景观资源。在古代，黄河上游的人们只能乘羊皮筏子过河，从未形成客运航道，如今在人民的努力与创造下，航道上航运繁忙的船只来来往往，美不胜收。"

熊赳赳听了爷爷的描述，不禁发出了感叹："这真是太厉害了，我以后也要和爷爷一起去乘坐黄河上游的船只，去感受大自然的美丽。"

知识点

水面比降，沿河流方向上水面两点之间的水面高度差，与这两点之间距离的比值和水流速度密切相关。

▲黄河九曲第一弯，位于四川省若尔盖县唐克乡

浪花淘尽"泥沙"

自从爷爷讲了黄河上游水资源的保护，熊赳赳就一直特别感兴趣。于是，爷爷决定将保护水资源的周末知识小课堂延长一节课。

"水资源与我国西北内陆地区的经济发展密不可分，更是影响着国家的粮食生产。而黄河作为西北地区重要的淡水资源，其水质问题尤其是含沙量显得非常关键。

"赳赳，你还记得黄河九曲第一弯的航拍视频吗？黄河在阳光下波光粼粼，自由平静地沿着河道蜿蜒而行，清澈见底。但黄河有时候却负重前行，疲惫不堪，它拖着许多泥沙，通体为浑浊的黄色，让人心酸又难过。"

赳赳听了，拉着爷爷的手臂，急忙说道："爷爷，那您快仔细再讲讲。"

"黄河上游的主要河段在内蒙古，部分支流会经过黄土高原。由于黄土高原地表缺少植被，土壤疏松，所以水土流失特别严重。还有部分支流流经腾格里沙漠和毛乌素沙漠，因此每年有大量的泥沙进入黄河。水土流失是造成黄河泥沙含量大的罪魁祸首。

"泥沙含量大不仅影响黄河的外观，而且对生态环境有着多方面的

知识点

河道与水库淤积，水流速变慢，水与沙不平衡，导致工程防洪、航运等能力减弱。高泥沙含量还造成工程内水轮机、泵站等受损，高速水流携带泥沙颗粒与水轮机、水泵等叶片发生强烈碰撞，导致叶片产生磨损，增加了检修工作量和资金投入。

知识点

河道的过度采挖，严重破坏了河道原来的形状，从而直接影响了水的流态，生态环境也因此失衡，从内看，河道内生物的生存空间被碾压；从外看，河道岸边山坡极容易发生滑动和坍塌。

危害，比如易导致河道泥沙堆积，进而抬高河床；水流泄出能力低，汛期洪水难以泄出；湿地和农田容易被淹没等。含沙量大的水流遇到水库时，流速变慢，泥沙沉积，水库水位被迫抬高，出现水库泥沙淤积现象。

"高含沙量水体难以适应高效节水农业的发展，这无疑也是对西北地区农业一个非常大的挑战。泥沙会破坏水利工程，从而造成巨大的社会效益和经济效益损失。

"针对具体病症，人们提出了解决办法，有两个具体方向：一是源头治理；二是支流治理。

"源头治理，其实就是关注源区生态，赳赳还记得我讲过的光秃秃的上游源区吗？"

赳赳一脸肯定地说："爷爷，治理上游源区的水土流失和保护生态环境的措施，我都记得清清楚楚呢。"

爷爷欣慰地点了点头，继续讲道："对，那我们就来讲支流的治理，

黄河支流多，支流会携带大量的泥沙进入到干流，所以支流的治理也是一个不可忽视的重点。

"支流治理一般有四个措施：一是修建拦水坝，就是将支流中的泥沙和碎石回收起来作为建筑材料，从而使泥沙含量少的水流入河道；二是修建蓄水滩地，减少河流的冲击力，缓解河道压力，同时也有沉积泥沙和杂志的好处；三是建设河道生态绿化工程，换句话说，就是在河道两旁栽上树木，进行河道绿化；最后一项是禁止人们对河道进行过度开采。

"虽然办法有很多，但是如果想要真正治理好黄河，光有措施可是不够的，我们需要大家一起合作，水文是基础，其次还要有气象、电力、环境各种领域的人才共同克服困难。"

"赳赳现在要好好学习，以后也可以为保护黄河做贡献。"

熊赳赳坚定自信地回答道："我会的！"

▼黄河九曲第一弯

万里黄河第一闸

熊赳赳看了黄河第一弯的视频后，就迷上了黄河上游的风光。最近赳赳又看了黄河上游三盛公水利枢纽的视频。黄河浩浩荡荡奔流向前，流经巴彦淖尔草原，似乎迷恋上这里的平川沃野，水流缓慢，滋润千里牧场，肥沃万顷良田。

熊赳赳迫不及待地向爷爷分享了这个视频，也满怀好奇心，希望爷爷能给自己再详细讲讲。

爷爷微笑着看完视频后说："赳赳真是一个有求知欲的孩子，三盛公水利枢纽确实有很多能讲的地方，那就听我慢慢道来。"

"三盛公水利枢纽是内蒙古河套灌区的引水灌溉工程，也是亚洲最大的平原引水灌区，获得了'万里黄河第一闸'的美称，此工程在农业引水、防凌防汛、生态治理、工业供水、交通运输、水力发电等多方面都有贡献。

"这一工程是在新中国刚成立后建设的，除了两万多名水利建设大军外，还有当地数万灌区民众。

"三盛公水利枢纽成功修建后，河水从这里缓缓流进两岸的良田，2021年，三盛公水利枢纽工程作为河套灌区的引水龙头工程，总灌溉面积达到870亩。黄河之水少了'奔流到海不复回'的气势，变得平稳而安宁。

"三盛公水利枢纽主体工程包括拦河闸、进水闸、沈乌闸、南岸闸、水电站和枢纽工程上下游60多千米的黄河河道及堤防。特别是枢纽基地还建设了一个水文化博物馆，馆内陈展有枢纽沙盘模型、灌区电子图、黄河文物等等，综合运用多种设施与形式，如工程实物模型、展板展柜、手册、多媒体等向游客传播水利设计理念与黄河文化精神，激发人们对水利科普知识的浓厚兴趣。"

　　听到这里，熊赳赳已经心动了，三盛公水利枢纽真是一个好看、好玩又有趣的地方，他已经很期待去那儿旅游了。

　　爷爷猜到了他心里的想法，说道："以三盛公水利枢纽为中心，还形成了特有的黄河风情旅游区，有很多的风景名胜，尤其到灌期时，闸门下河流咆哮，从高处看，颇有几分'黄

知识点

　　引水灌溉工程，是指从河道中取水用于灌溉农田的水利工程，根据河流水流量的大小、水位的差异、灌区的不同，分为无坝引水和有坝引水。

河远上白云间'的意蕴。这里不但是游玩休闲的好去处，也是科研考察的好地方。等赳赳放假了，我们一起去那里玩，怎么样？"

　　赳赳开心地和爷爷拉钩，定下了假期出游的计划。

▼油画——三盛公水利枢纽建设场景

洪水猛兽休想为非作歹

熊赳赳今天放学忘记带伞了，一场突如其来的暴雨让接送他的爷爷和赳赳都有些狼狈。雨滴噼里啪啦地下着，风也在不停地呼啸，不经意间雷声响起，整个天空都是阴沉沉的。

回到家，爷爷拿毛巾擦了擦赳赳打湿的头发，说道："赳赳听见雷声会不会害怕？"

熊赳赳挥了挥拳头，自信地回答道："爷爷，赳赳是一个男子汉，才不害怕呢。"不过赳赳又皱着眉头说："爷爷，如果黄河上游下这么大的雨，会不会发生洪水灾害呀？住在那个地方的人们该怎么办呢？"

"赳赳的担心不无道理，黄河上游的防洪是整个黄河防洪的关键部分，在新中国成立以前，洪水给上游地区的人民带来了沉重的痛苦与

知识点

防洪工程主要有堤坝、河道整治工程、分洪工程和水库等，根据功能和兴建目的可分为挡、泄或排、蓄或滞等等。

灾难，而在新中国成立以后，党和政府领导人民在上游先后修建了一批水利水电工程，同时相继修筑防洪堤坝和进行河道整治，建立了一套完整的防洪工程体系，保卫人民的生命与财产安全。

"黄河上游的洪水是因为长时间的暴雨引起的，常常发生在夏秋季节。从黄河上游发生的洪水来看，一般有历时长、洪峰低、洪量大的特点。据相关资料分析，黄河上游发生一次洪水，历时平均为40天，最短22天，最长66天。"

▼甘肃省永靖县刘
家峡水库中段东岸

▼龙羊峡水库

起起听了坚定地说："爷爷，黄河上游现在到底有哪些保护工程体系呢？"

"目前黄河上游主要有刘家峡、盐锅峡、八盘峡、青铜峡、三盛公五座拦河枢纽工程，但主要依靠库容最大的刘家峡水库与具有黄河干流'龙头'工程之称的龙羊峡水库，一起来承担上游的防洪任务。

"兰州市作为甘肃省的省会城市，在西北地区具有重要的交通枢纽地位，但是在新中国成立以前，市区还会经常发生被洪水淹没的情况。所以新中国成立后，政府制订了城市防洪规划，沿黄河修筑防洪堤坝。

"起起，自然灾害虽然难以控制，但只要人们众志成城，团结一心，一定可以取得最后的胜利。"

▼黄河大堤上的生态林

为沿黄人民保驾护航

熊赳赳最近了解到太多关于黄河上游发生洪水的事，小小的一个人儿竟也天天为黄河发起愁来。这让爷爷哭笑不得，于是爷爷打算给赳赳讲讲著名的甘肃防洪工程，让赳赳明白我们国家在持续关注黄河，"母亲河"是受到保护的。

吃完晚饭后，熊赳赳和往常一样回卧室看书，爷爷端了一杯牛奶去找赳赳，计划趁这个空闲时间好好和赳赳聊聊。

"赳赳，爷爷今天想给你补充一些关于黄河防洪方面的知识，不知道赳赳有没有空呢？"

熊赳赳眼睛仿佛都亮了，高兴地回答道："当然有空了，爷爷您快讲。"

"今天爷爷要讲的是一个由甘肃省开启的在黄河上游的大工程，叫作黄河上游流域防洪治理工程，它是国

知识点

行蓄洪区是指行洪区与蓄洪区。行洪区是在发生洪水时用来排泄洪水的地方，位置包括河道、河道两侧。蓄洪区一般位于河道附近的低洼地区，当洪水的洪峰量超过了河道的安全宣泄量，河道两岸堤防的压力过大，就需要将超额洪水引入蓄洪区。

务院于2014年确立的172项重大节水供水工程之一，投资近34亿元，除了可以治理洪水，还能综合治理黄河上游的水环境。

"甘肃省位于黄河上游，是黄河流域重要的水源涵养区和补给区。黄河干流全长5464千米，两次进入甘肃，两次流出甘肃，先后流经4个市（州），总长将近1000千米。因此，在2012年的时候，黄河的干流就遭遇了洪水，农民伯伯的土地和牧民们的草地都被

淹没，当地的基础设施也难以幸免，损失了数亿元人民币。

"起起你知道吗，黄河干流甘肃段防洪治理工程的建设和之前讲过的水利工程建设都不一样噢，它的特别在于能同时在多地开动，兼顾多个方面一起进行，这也是黄河建设历史上的第一次。"

"而且工程总长有200多千米，实施内容包括堤防加固、河滩治理和行洪区、蓄洪区调整建设等等，新建的维修护岸有300多千米。如果这个工程建设成功，就可以大大增强黄河干流甘肃段的防洪能力，甘肃段的防洪工程从而得到完善，土地被洪水淹没的情况再也不会发生了。"

"更令人欣喜的是，除了防洪的治理，甘肃省的此项工程还关注到黄河上游的水环境。黄河的水资源宝贵，水资源的污染比水资源的浪费更为严重。我们不可能运载大量水体进行净化，加强污染物的管理和控制才是根本解决办法。加强监督管理，控制点

知识点

点源污染是具有识别范围的固定排放点的污染源，在数学模型中可以看作一点来进行计算，比如工业废水和生活污水通过排放口进入河流，这就可以视为一处点源污染。

源污染，通过不懈的努力，甘肃省连续完成了国家下达的涉水重点污染物排放总量减排任务，水源风险防控能力不断提高，黄河'水清岸绿、鱼翔浅底'的美好景象一定会来临。

"不得不提的是，黄河沿岸同样是甘肃省政治、经济、文化发展的核心区，也是汉族、藏族、回族等多民族聚居和文化融合发展区。此项工程的实施，不仅改善了黄河干流的水情水势，更加强了沿黄经济核心区和丝绸之路的黄金段建设，为沿黄人民保驾护航。"

熊起起听完后坚定地说："爷爷，我以后也会努力学习，为沿黄人民的幸福生活而奋斗。"

▶黄河防洪大堤

黄河梯级水电站

熊赳赳所在班级在学校的拔河比赛中，得了全校第一名，赳赳的老师表扬他们，说这就是大家齐心协力的成果。熊赳赳还得到了老师奖励的巧克力，回家后，他兴冲冲地和爷爷一起分享。

爷爷夸赞了赳赳，然后说："不仅拔河比赛需要大家共同努力，在生活中的很多地方也需要我们共同努力。你知道黄河的梯级开发水电站吗？"

赳赳想了想，回答道："爷爷，我记得您上次讲的关于防洪的刘家峡水电站和龙羊峡水电站，梯级开发是不是与这两座水电站有关系？"

爷爷笑了笑说："赳赳，你真聪明，它们是黄河梯级水电站之中的两座。水能是一种具有巨大经济效益的可再生清洁能源，幸运的是，我国水能理论储量是世界第一位。如何破解自然环

知识点

水电装机容量，是指水电站全部水轮发电机组额定总容量，常常用它来表示水电站建设规模和具备的电力生产能力。

境和技术上的限制，更好地开发利用水资源，梯级水电站应运而生。梯级水电站是指将河流分为几个区域，自上而下地建造一个区域接着一个区域的水电站，呈阶梯状的分布形式。这样我们就能获得巨大的水电能源，赢得综合的社会效益和经济效益。

"黄河上游干流的梯级水电站经过了十多年的不懈努力，已颇具规模，著名的水电站有班多、龙羊峡、李家峡、公伯峡等等，修建的17座水电站已形成了一片恢宏的上游水电基地。

"梯级开发的好处在于能让水能利

用效率非常高，在水源上是分级开发和分段利用，在水量上是多次开发和重复利用，上下梯级相互影响、相互制约，所有水电站必须实行整个梯级的统一调度，齐心协力在此刻显得尤为重要。"

赳赳听完，还是有点不懂，爷爷打算再具体给他讲讲其中几座水电站。

"公伯峡水电站就是其中一座不可忽视的重要水电站，是黄河上游龙青段规划中的第四座大型梯级水电站，它的修建工期在同类型电站建设中最短，2001正式开工建设，2004年9月投入发电，标志着我国水电装机容量突破1亿千瓦。因此公伯峡水电站工程也被称为中国水电建设的样板工程，先后多次获得国家荣誉，其中应用技术还申请了国家专利。

"青铜峡水电站是黄河上游规划的最后一座梯级电站，也是中国独有的一个闸墩式水电站。从电站破土动工到第一台机组发电到全面建设完成，三个关键点逐次突破。青铜峡水电站的主要功能是灌溉和发电，但还兼顾着防洪、防凌、城市工业用水等

▶ 公伯峡中急湍直下的水流

▲公伯峡水电站大坝

多种功能。除此之外，青铜峡水电站的成功建设，为解决黄河多泥沙的水电站排沙问题提供了丰富的经验。

"每个水电站都有自己的特点和不同的功能，所有水电站都会受到上游来水的影响，而下一个水电站则会受到上一个水电站调节能力与运行情况的制约，就像赳赳参加的拔河比赛一样，大家要做到劲往一处使，虽然各个水电站有各自合理的运行调度，但是更重要的是要有整个梯级的优化调度，以便合理利用水资源，提高水能利用率。"

爷爷继续讲道："赳赳，当大家齐心协力做一件事时，我们往往能得到一加一大于二的效果，梯级水电站是这样，拔河比赛是这样，生活中还有很多事情也是这样。"

熊赳赳大声回答道："我明白了，爷爷。"

知识点

水资源优化调度是开发利用水资源过程中的具体实施阶段，关键在于水量调节。它是指采用最优化技术以及系统分析办法，在水利工程与需水要求一定时，充分利用天然支流和各个水库特点的差别，最大限度地使水资源的综合利用发挥到最大。

伏汛好抢，凌汛难防

熊赳赳特别喜欢滑冰。当冬天来临时，滑冰这项运动就风靡起来，周末的时候，爷爷会带赳赳去滑冰场，等到放寒假，赳赳一家还会去附近雪山的滑冰场一起玩，这也是赳赳整个冬天最开心的时候。

熊赳赳开心地说："爷爷，滑冰真是太有趣了。冬天的黄河可不可以滑冰呢？"

爷爷回答道："赳赳的想法很美好，但是实际情况并不是这样的，黄河深受冬天结冰的危害。春季黄河开始解冻时，一些河段会先解冻，浮冰顺水而下，而下面的一些河段尚未解冻，浮冰发生堵塞，使水位上涨，而且浮冰切割堤岸，更容易穿堤造成水灾。其次是流量对河流造成的影响。小流量会造成河流枯竭从而封河，当大量冰块在曲窄的河道造成堵塞，形成冰坝，水位上升，也就是常说的凌汛。还有黄河上游的河道受堤防约束，河床缩窄、弯曲，也容易造成冰坝阻水。

"赳赳还记得我之前讲过的洪水的抢救吗？黄河多泥沙，河势变换多样，伏汛期容易发生洪水，一旦洪水围堤，水位抬升，还有可能造成管涌、漫溢等重大险情。险情发生后，只要发现、抢护及时，一般都能化险为夷。但凌汛却不一样，一是形成冰坝的位置难以预测，有可能多处出险。二是凌水破坏力大，一旦开河时形成阻水冰坝，水位可能在短时间内骤涨3~4米，极易造成重大险情。而且堆积如山的冰块在水力作用下，冲击堤防，亦可能引发灾难性后果。

"有一句河防民谚叫作'伏汛

易抢，凌汛难防'，意思是说伏汛期间发生了险情，抢救起来较为容易，凌汛期则难度加大，甚至防不胜防。历史上甚至还有'凌汛决口，河官无罪'一说，从中我们就可以看出凌汛险情的危害之大。"

熊赳赳听到这儿已经惊呆了，他没有想到自己最喜欢看到的河流结冰，却在其他地方能造成这么大的危害。

爷爷继续讲道："新中国成立后，我们战胜了一次又一次的凌汛，积累了丰富的经验，如今我们常有'防、调、破、分'四种措施。

"防包括人防和堤防。首先不仅需要修建坚固的防洪堤坝，另外，凌汛期易于串堤决口，来不及修复也常导致险情，所以还需要人防，要时刻注意大坝情况。

"调是指调节黄河上游的流量，利用水库调节天然径流。在冬季时增加水流量从而使下段水温升高，减少结冰情况，在解冻期时减少下泄流量从而使融冰缓慢下流，给予下段结冰的河道足够的消融时间。这也是目前使用最广泛、最重要的一项措施。

"疏是指必要的破冰措施，方法有很多，常见的如直接使用炸药包与炮弹摧毁冰坝等。

"分就是引洪分流，釜底抽薪，减少水流量，能够有效减轻冰凌的危害。

"如今来看，我们的凌汛战斗其实一直没有停止过。"爷爷继续讲道，"凌汛战线长，危害面广，黄河沿岸设置了防凌指挥部，组织与物资上的充分准备，政府各部门与人民的配合，才是我们战胜凌汛的底气。"

知识点

黄河上游除洪水以外，凌汛也非常严重。内蒙古包头河段结冰期长达100天左右，它比上游兰州封河早20天左右，河流解冻却晚1个多月。封河时，河槽内蓄水量相当于形成了一个河槽式水库。河流解冻时，常常会因冰块堵塞卡住大坝，造成凌汛灾害。

▶ 河道内大面积的流凌现象

生命之源：黄河之水上山川

熊赳赳最近老在纠结自己为什么叫"熊赳赳"，因为老师在课堂上说过，每一个名字都含有美好的心愿与寄托。那自己的名字是怎么来的呢？赳赳决定先去问问爷爷。

爷爷回答说："赳赳的名字是我们希望赳赳能一直雄赳赳气昂昂，雄壮威武、情绪高昂地过好自己的一生。爷爷还能给你讲一个关于名字的故事。"

一听到要讲故事，熊赳赳急忙点头，示意爷爷快讲。

"甘肃省景泰县位于甘肃、内蒙古自治区、宁夏回族自治区交界地带，

知识点

电力提灌站，是指运用电力从河流、水库或其他水源中提取灌溉农业用水所建设的水利站，是一种农田水利设施。

地处腾格里沙漠南部边缘，这里有100多个村子的名字都与水相关，这里有很多人的名字叫李望水、曾盼水、王想水等等。这里还流传着一首歌谣：水在低处流，人在川上愁。"

"爷爷不对呀，黄河流过甘肃省，为什么他们还这么渴望水呢？"赳赳提出了自己的疑问。

"虽然万里黄河的确流经了景泰县附近，但海拔700多米的山间平川景泰川将生命之源阻挡在外，当地人只好靠天吃饭，望水兴叹，水的极度稀缺使他们对水的渴望刻在了骨子里，甚至延续到了下一代的孩子身上。"

赳赳有一点不知所措，他没想到当地人的名字竟然是他们痛苦生活挣扎与辛酸的体现。

爷爷摸了摸赳赳的头，继续说："党和政府关注到了当地人民生活的

知识点

泵站提灌，是指利用机械设备和工程设备将水从低处运输到高处或者远处。高扬程泵站还有水锤消除器等防护设备，避免水在运输过程中发生的碰撞与冲击波，达到保护的作用；从多泥沙河流中提水的泵站会设置多个沉沙池。

困境，所以建设了甘肃省景泰川电力提灌工程。这下可厉害了，当工程建设完成后，滔滔黄河水通过泵站，跃上高山，经过管道，穿过隧洞，越过山丘，流进曾经的千年荒原。如今的景泰川电力提灌工程是当地50万人

生存致富的依靠，是当地社会经济发展的命脉和腾格里沙漠边缘的绿色屏障。黄河之水犹如生命的源泉，滋润着居住在景泰川的人民。

"水往高处流，不再向低处流？爷爷，这真是太神奇了，这是怎么做到的呢？"赳赳问道。

"景泰川电力提灌工程分为一期与二期。一期工程在黄河西岸建设，用5年时间取得了13座泵站、最大提水高度472米、设计灌溉面积30万亩的高质量成果。二期工程历经10年奋战，泵站增加17座，最大提水高度达到713米，灌溉面积达到52万亩。从此人们

▲景泰川一期电力提灌工程总泵站（鸟瞰）

▲景泰川一、二期电力
提灌工程总泵站对岸

的生活被彻底改变了。

"景泰川电力提灌工程让过去荒芜的土地变成了水粮丰茂的米粮川。二期工程建好后还向民勤县调水，有效缓解了民勤附近的生态环境恶化、沙尘暴频繁发生、土地沙漠化等生态问题，收到了良好的经济效益和社会效益。

"如今的景泰川被群山环抱，黄河穿梭其间，新建了千亩枣园、万亩果园，这里鲜花盛开、飞鸟翱翔，美丽的风景让人心旷神怡，难以忘怀。"

赳赳听到这里，心想：看来我的心愿旅游地又得添加一个了。

▼景泰川一、二期电力提灌工程总泵站对岸

小小科学家的话

奔腾不息的长江、黄河是中华民族的摇篮，哺育了灿烂的中华文明。

贺兰山换新装

"会不会是我的地理图册到了呢？"熊赳赳放学一回家就发现了桌子上的包裹，兴奋得连书包都没放下就摩拳擦掌，急着要拆包裹。果然，拆开一看，就是他期待已久的图册。

"哇！"赳赳望着随手翻到的图册某一页，忍不住惊叹，"真壮观啊！"爷爷被赳赳的感叹声吸引，走过来探头一看，只见连绵的绿色长廊占据了图册的整个页面，只在左上角写着"贺兰山"三个遒劲的大字。

"爷爷！您快坐，我刚好有问题想问您呢！"赳赳一转身就发现爷爷站在身后，连忙拉着爷爷坐下，两只眼睛里充满了对知识的渴望，"爷爷，贺兰山不是岩石裸露，到处光秃秃的，怎么在这个图册里，它换上'绿色新装'了呢？"

爷爷仰头笑了笑，对赳赳说："赳

▲宁夏银川，贺兰山岩画遗址公园

赳，连你自己都说了是'新装'呀。"爷爷打趣道，随后又严肃地反问赳赳，"想让我解答问题可以，但你对贺兰山了解多少啊？你如果能说出一些贺兰山的知识，你问多少问题，爷爷就给你解答多少！"

"真的吗？"赳赳眼里几乎都要冒出星星来了，他胸有成竹地说："贺兰山作为我国西北地区重要的屏障，阻

▼贺兰山东麓

知识点

知识点

遥感技术，即遥感器远距离通过感知目标物体反射或辐射的不同电磁波，对目标物体进行探测与识别的技术。通常由遥感平台（内含遥感器，感知电磁波）、信息传输设备（用于遥感平台与地面的信息传输）、接收装置（接收信息）等设备组成。

挡了东进的风沙，与黄河一起造就了'塞上江南'宁夏平原。同时，它自古以来就是东西交通要道，贺兰口、苏峪口、三关口、拜寺口，这些都是贺兰山著名的东西向山谷；贺兰山还有丰富的矿藏、丰富的动植物资源……"

"好好好，足够了。"爷爷见赳赳

口若悬河，大有打开了话匣子就止不住的架势，连忙叫停，给赳赳竖起了大拇指，"赳赳真棒！你说得不错，贺兰山之前因为不合理的矿产开发等原因，确实有过一段时间的荒山期，但从2018年开始，宁夏回族自治区政府开始了对贺兰山脉东麓的生态保护修复工作。这次修复，还运用了气象方面的科技帮助，像利用遥感技术，基于太空中卫星传输的遥感影像，结合地面气象数据、无人机航拍影像，对贺兰山东麓各种地质生态，如林地、湿地、湖泊，还有各类土地利用类型进行电子监测。这样一来，就形成了结合生态监测、评估与服务为一体的技术体系。"

▼红嘴鸥，宁夏石嘴山贺兰山下的星海湖湿地

知识点

云水资源：是指储存在云体之中通过天然降水和人工降水可利用的水资源。

小小科学家的话

宁夏贺兰山东麓生态保护修复工程：通过恢复山麓植被、治理土壤污染、扩大湿地面积等方式，集中整治废弃矿坑，严厉查治监管无序开采矿产等生态破坏行为，加强了贺兰山西北屏障的作用，减轻了宁夏境内的黄河水流失等问题，逐渐成了集生态防护、景观欣赏为一体的文化绿色长廊。

"真厉害！"赳赳忍不住感叹。

"还不止这些呢。"爷爷喝了口水，继续说道，"还有通过人工影响作业，充分开发利用空中的云水资源，通过降水让山体植被得到滋润、让宁夏境内的黄河水源丰起来、活起来。"爷爷的语气里是满满的敬佩。

"作为我国八大生物多样性保护热点地区之一，也是中国草原与荒漠的分界线，宁夏平原的主屏障，贺兰山就像是当地的'父亲山'，给予了当地稳定的生态环境。它与黄河相辅相成，一起造就了'塞上江南'。如今通过整治矿产过度开采，通过生态修复，又还给了贺兰山一片翠绿，筑成了这绿色长廊，真是好事啊！"爷爷望着图册上连绵起伏的贺兰山脉，欣慰地说道。

知道图上的那片绿色来得有多么不易之后，赳赳望着图册上的贺兰山，也不禁感慨："生态环境的修复来之不易，需要珍惜啊！"

▼宁夏石嘴山市贺兰山夏日风光

第二章 黄河中游的环境保护与治理

想要治黄先得治沙

黄河从内蒙古河口镇到河南省郑州市桃花峪的河段被称为黄河中游。黄河中游全长1206.4千米，流域面积34.4万平方千米。

黄河从河口镇开始，流向由向东变为向南直至禹门口，黄河将黄土高原一分为二，构成大峡谷，河床垂直而下。山西省和陕西省也被黄河分隔开，是两省之间的界河，左岸是山西省，右岸是陕西省，因此这段河道被称为晋陕峡谷。

晋陕峡谷这段河道与上游弯曲的川峡相间型河道不同的是，这条河段河道比较顺直，河谷底部较宽，大部分宽度在500米左右。黄土高原位于峡谷两侧，由于黄土土质疏松，因此存在严重的水土流失。黄河中游支流多，流域面积超过100平方千米的支流有56条。晋陕峡谷段流域面积11万平方千米，每年有超过9亿吨的泥沙通过本区域内的支流向黄河干流输送，超过黄河全年输沙量的50%，是黄河流域泥沙的主要来源地区。随着人们环保意识的逐渐提高，国家加大了对黄河中游地区支流的治理，对窟野河、无定河、三川河等支流进行重点治理，加大了治理力度。

黄河从晋陕峡谷奔腾而出，河道变得宽阔，水流十分平缓。从禹门口至潼关长125千米的河段落差仅有52米；河谷宽3～15千米，平均宽8.5千米；这部分河段有着600平方千米的滩地，滩面略高于水面。本段河道冲淤存在着较大的变化，河流泥沙沉积摇摆不定，有"三十年河东，三十年河西"之说，属游荡型河道。禹门口至潼关区间流域面积18.5万平方千米，黄河的第一大支流渭河和第二大支流汾河在此河段内汇入黄河，区间内鱼类资源丰富，由于这段河流流经黄土高原，河水中泥沙含量大，大量的泥沙会给下游造成许多危害，因此是根治水害的关键河段。

黄河从潼关流出以后，流向转向东方，在潼关至河南郑州市桃花峪长356千米的河段内，落差为231

▲ 郑州桃花峪

▼黄河壶口瀑布

▲ 三门峡

米。其中，在三门峡以上113千米长的黄土峡谷，较为开阔。三门峡以下至孟津长151千米，地势险要，多座大山矗立于此，黄河在崇山峻岭之间来回穿梭，此河段是黄河的最后一个峡谷段，这部分峡谷河道将河南省和山西省分开，故得名晋豫峡谷。河谷谷底宽、变化大，在200米到800米之间变化。洛河和沁河是黄河的较大支流，在三门峡至桃花峪区间汇入黄河，这个区域内的流域面积有4.2万平方千米，此区域内是黄河流域暴雨最多的地区。暴雨强度大，大量的雨水迅速汇入河流，因此产生的洪水十分凶猛，黄河下游的洪水主要来源于此。

孟津以下，是黄河由山区进入平原的过渡河段，部分地段修有堤防。

为了防治泥沙和减少旱涝灾害，黄河中游修建了多座水利枢纽，包括三门峡水利枢纽、小浪底水利枢纽、西霞院反调节水库、故县水库、陆浑水库等。

由于河水泥沙含量大，黄河中游地区形成了三门峡库区湿地、河南黄河孟津湿地等多处湿地。湿地内生态环境复杂，适宜各类生物生存，此区域内有大量的甲壳类、鱼类、两栖类、爬行类动物及植物在这里生存繁衍，同时也是世界稀有鸟类黑嘴鸥的重要越冬栖息地和繁殖地。

直击要害

晚上，熊赳赳和爷爷一起看电视。看着电视上黄河的画面，熊赳赳好奇地问道："为什么其他河水都没有颜色，而黄河水是黄色的呢？"爷爷笑着回答道："那是因为黄河里面有很多泥沙。"

熊赳赳说道："原来是因为泥沙。"说完又看着爷爷。爷爷继续说道："这些泥沙大部分来自黄土高原，仅在每年的6~9月，黄土高原就会向黄河输送超过10亿吨的泥沙。"

听完爷爷说的话，赳赳看着爷爷说道："这么多沙子，应该会有很大的危害吧。"爷爷回答道："没错，这些沙子确实具有很大的危害，因为大量的泥沙输入黄河，导致黄河河道泥沙淤积，在下游形成'地上悬河'，甚至有决堤的风险。历史上黄河就多次决堤，给当地百姓的生活造成了极大的影响。"

听到这里，赳赳急切地问道："为什么黄土高原会有这么多泥沙进入黄河？"

"那是因为黄土高原存在严重的水土流失问题。整个高原分布着广阔的黄土，黄土土质疏松，易受风雨侵蚀，暴雨冲刷黄土，携带着大量泥沙进入黄河，同时由于黄土高原处于我国第二级阶梯与第三级阶梯之间的过渡地带，地势由高到低，加剧了水土流失。"

爷爷喝了一口茶，继续说道："除

知识点

黄土高原是我国的四大高原之一，位于我国中部偏北部，是世界上面积最大的黄土集中分布区，水土流失严重，生态环境脆弱。

知识点

季风气候：年降水量具有明显的季节变化。夏季，从海洋来的夏季风温暖湿润，为陆地带来大量的水汽，因此每年4月至9月，大陆被湿润的夏季风控制，降水量大，大量的雨水不断地冲刷黄土高原，导致大量泥沙入河，这是黄土高原水土流失严重的原因之一；冬季，自10月至次年3月盛行来自大陆的冬季风，冬季风寒冷干燥，水量少。亚洲东部、南部是典型的季风气候区，根据不同的纬度，季风气候可分为热带季风气候、亚热带季风气候、温带季风气候。

了这些自然原因外，也有许多人为破坏造成的水土流失。从古至今，人们为了修造房屋和开垦农田，黄土高原的树木被砍伐，植被遭到严重破坏，许多土地的地表裸露，导致水土流失。"

"原来有这么多原因造成黄土高原的水土流失，那我们有什么办法可以解决这些问题，保护我们的母亲河呢？"赳赳有些担心地问道。

"泥沙流失是黄河中游地区最主要的问题，因此解决泥沙问题是治理好黄河中游地区的关键。"

爷爷知道赳赳对此很好奇，故意笑着说："还想不想听我继续讲下去？"

赳赳一边给爷爷捶背一边赶忙说道："想，我当然想了。爷爷，快继续给我讲吧。"

"现如今，人们对于黄河中游的泥沙问题，采取了许多科学有效的措施，比如退耕还林还草，使土不下坡，清水长流，修筑梯田、淤地坝等，来减少泥沙进入黄河。但依然会有许多泥沙进入黄河，因此人们就在黄河上修建了一些大坝来拦截泥沙，防止泥沙流到下游。此外，人们还积极转变发展方式，坚决不以破坏环境为代价来换取经济发展，在农业发展上采取新的措施，包括平整土地、栽培种植、田间管理、增施肥料，以及轮耕套种、选育良种、地膜覆盖、喷灌滴灌、科学施肥等。而且为了更好地对黄河进行保护，国家还通过了相关的法律法规以及设立专业的保护机构。这些科学措施使黄河中游的生态环境逐渐恢复，但治理好黄河并不是一朝一夕的事，还需要大家的不懈坚持和努力。"

"爷爷，我明白了。我会好好学习，争取以后也能为治理黄河出一份力。"赳赳开心地说道。

▼黄土高原

"母亲"身边的卫士

"风在吼，马在叫，黄河在咆哮，黄河在咆哮……"

今天，熊赳赳在学校学会了《保卫黄河》这首歌，放学回家路上，他一边走一边唱。一到家，赳赳便跑到书房找爷爷，向爷爷展示自己的学习成果。

爷爷听着赳赳的歌声，笑着说："唱得很好，赳赳以后可以当歌唱家啦。"

赳赳说："谢谢爷爷。我记得您给我讲过，治理黄河中游的关键是治理泥沙，那怎样才能治理泥沙呢？"

"治理泥沙的措施有很多，有生物措施和工程措施等，今天我先给你讲讲生物措施。"爷爷看着好奇的赳赳，继续说道："黄河中游流域面积很大，并且水土流失十分严重，

因此黄河中游就成了国家水土保持生态环境建设和退耕还林工程的重点实施地区。"

赳赳急切地问道:"爷爷,还有呢?"

爷爷说道:"从1989年开始,国家在西部共安排退耕还林工程造林任务15.13万平方千米,其中退耕地造林7.2万平方千米,宜林荒山造林7.93万平方千米。黄河中游地区各省在国家的指导下,积极实施退耕还林工程,各地植被由少到多,取得了不俗的成绩。"

赳赳给爷爷倒了一杯茶,说:"那经过这些年的治理,现在是什么样子了?"

▼贺兰山下的引黄灌区退耕还林已取得明显收获

知识点

　　《保卫黄河》是《黄河大合唱》的第七乐章，创作于抗日战争时期，由光未然作词，冼星海作曲。歌曲有多种演唱形式，在抗战时期深受广大人民群众喜爱，传唱甚广。

　　爷爷端着茶，说道："各地因地制宜，将一些有利于保持水土的植物种植在被侵蚀的沟壑中，同时采取措施，封山育林，加强对天然林的保护，让植物回归自然生长状态。经过多年的治理，黄河中游的水土流失已经大面积减少，由最严重时的45万平方千米减少到21万平方千米，到2018年，植被覆盖率已经提升到63%。这些植被就像是黄河身边的'卫士'，保护着黄河不受泥沙的侵扰。"

　　"真开心，有这些'卫士'的保护，黄河就不会有那么多的泥沙，说不定不久的将来就可以看到清澈见底的黄河水了。爷爷，您今天只给我讲了生物措施，下次可一定要记得给我讲其他的措施。"赳赳笑着说。

　　爷爷说："好好好，我一定会讲的。"

小小科学家的话

　　退耕还林的目的是为了保护和改善我国西部地区的生态环境，有计划、分步骤地将易造成水土流失的坡耕地和易造成土地沙化的耕地停止耕种；退耕还林的原则是宜乔则乔、宜灌则灌、宜草则草，乔灌草相结合，因地制宜造林种草，恢复破坏的植被。作为我国实施西部开发战略的重要政策之一，退耕还林的基本政策措施是"退耕还林，封山绿化，以粮代赈，个体承包"。

"铜墙铁壁"

周末，熊赳赳一大早就起床了，因为今天他要跟着爷爷回老家。赳赳很少回老家，看到老家的青山绿水，他感到十分好奇。

赳赳一下车就兴奋地四处张望，说："爷爷，您看，这花真漂亮，而且好香。"说完朝前方跑去。

跑着跳着，赳赳突然被远方的景色所吸引，远山连绵不断，由低到高，层层叠叠，十分壮观，回头看向爷爷，指着远方问道："爷爷，那是什么，怎么像楼梯一样？"

爷爷慢悠悠地走过去，看向远方，笑着说："那是梯田，梯田是坡地上的一种阶梯式农田，从上到下，一级一级的，所以远远看起来就像梯子一样，梯田里种着庄稼。"

赳赳感到十分疑惑，问道："那为什么要弄成梯子形状的呢？"

知识点

梯田早在秦汉时期就已出现，目前我国的云南、广西等地分布有大量的梯田。我国云南省哀牢山红河哈尼梯田、菲律宾巴纳韦梯田以及瑞士拉沃梯田都是著名的梯田。

"梯田是治理耕地水土流失的有效措施之一，它能够减轻耕地土壤流失，为耕地蓄水。处于坡地上的梯田，通常具有良好的通风透光条件，能促进作物生长和营养物质的积累，有利于作物的增产。"

赳赳点着头说："原来是这样。既然梯田可以用来治理水土流失，那黄河中游地区是不是也可以修筑梯田呢？"

爷爷看着赳赳，竖起大拇指："都能举一反三了，真棒！你说得没错，上次我给你讲的是防治水土流失的生

知识点

　　坝工建筑物类似于水坝，与水坝不同的是，坝工建筑物最终会被泥沙淤积满，然后大坝后面的沟谷变成了一块平地，从而达到阻挡水土流失的目的。

▼黄河大堤

物措施，而修筑梯田则是防治水土流失的工程措施之一，那我接下来就给你讲讲工程措施。"

赳赳挥舞着双手，开心地说道："上次我还没听够呢。"

"由于黄河中游的黄土高原在雨季时雨水充足，大量的雨水冲刷疏松的黄土，雨水会携带大量的泥沙入河。修筑梯田能够平整土地，使土地坡度变小，水的流动速度变慢，因此水的侵蚀作用就会减弱，入河水流的泥沙携带量也会减少，进入河流的泥沙自然就变少了。"

爷爷指向梯田，继续说道："你看，山坡被梯田分割成一块块的，而且每块梯田的周围都由土垒起来，这也在一定程度上阻挡了泥沙进入河流。"

"想不到梯田不仅看起来漂亮，对防治水土流失还有这么大的作用。除了修筑梯田，其他的工程措施呢？"赳赳问。

"别急，听我慢慢讲。除了修筑梯田，淤地坝也是工程措施，下面我继续讲一讲淤地坝。"

赳赳点了点头。

"黄土高原上沟壑纵横，有超过100万条沟谷，淤地坝就是在这些沟道中。修建坝工建筑物，类似水坝，用以拦截泥沙。由这些泥沙最终淤积在一起的地被称为坝地，其作用和梯田类似。"

"梯田除了防治水土流失，还可以种庄稼，那淤地坝是不是也有其他的作用？"赳赳问道。

爷爷答道："对，除了可以防止水土通过这些沟谷最终汇入黄河之外，这些泥沙形成的坝地也可以用来耕种，淤地坝属于肥沃的土壤，这对贫瘠的黄土高原来说是很宝贵的土地资源。"

淤地坝

梁家河国家水土保持示范园坝系

③号淤地坝

熊赳赳扶着爷爷，二人向前走去，爷爷一边走一边继续说道："在修建淤地坝过程中，简单的坝工建筑物的修建通常都是就地取材，修建难度较低，用附近的黄土夯实固定即可，所以可以修建很多这样的坝工建筑物。"

"这样看来，通过这些工程措施，进入黄河的泥沙量应该会减少很多。"赳赳说道。

爷爷："没错，这些梯田和淤地坝就像是黄河边的铜墙铁壁，阻挡着泥沙进入黄河，正是因为采取了这些措施，每年进入黄河的泥沙会减少数亿吨。"

赳赳心想：真好，总有一天，人们真的可以看见清澈的黄河。

泥沙治理与经济发展

傍晚，爷爷正在书房看书，突然听见外面熊赳赳大声喊道："爷爷，我回来了。"

爷爷放下手中的书，取下眼镜，朝房间外边走边说道："赳赳回来了。快去洗洗手，马上就要吃饭了。"

赳赳看着都是自己爱吃的菜，立马狼吞虎咽地吃了起来。

爷爷看着赳赳，笑着说："慢点吃，不要噎着了。"

赳赳似乎突然想到了什么，放下手中的筷子，看着爷爷问道："爷爷，上次您给我讲黄河中游治

▲ 树木

知识点

经济林以鲜果树为主，比如我们日常吃的苹果、核桃、枣、杏、猕猴桃等水果，还包括经济作物如花椒、沙棘、枸杞等，除此以外，还有药材经济林。经济林的种植有利于当地相关服务业的发展，同时也能促进当地商品经济的发展。

▲核桃

▲沙棘

理水土流失的措施中有退耕还林还草、植树造林，那这些农民的耕地变成了树林种草，他们靠什么生活呢？他们能吃饱吗？"

爷爷听到赳赳的问题"轰炸"，笑着说："你关注的问题还真是多。不过这不用你担心，因为有能实现水土保持和当地经济发展的两全之策。"

赳赳更加好奇，问道："是什么办法？"

"你快吃饭，你一边吃，我一边给你讲，不然等会儿饭菜都凉了。"

赳赳拿起筷子，赶快吃了起来。

爷爷继续说道："黄土高原的水土保持工作不仅仅只局限于防治水土流失，追求经济效益也成为治理水土流失工作中的重点，治理工作开始与经济结合发展。"

"那都采取了一些什么措施呢？"赳赳问道。

"上次我给你讲的梯田和淤地坝，就是其中的两个措施。这两个措施能在有效防治水土流失的同时，可保证粮食的持续稳定增产。这样的基本农

知识点

沙棘，被称为"维生素C之王"，具有多种对人体有益的成分。它的生长环境特殊，常生长于温带地区向阳的山脊、谷地、干涸河床地或山坡，这些地区的海拔多在800米~3600米之间，在我国中西部地区的多个省份都有种植。

田建设，对于农村内部经济结构的调整和防治水土流失有重要的作用。

"从20世纪80年代开始，山地防护林出现了调整，将原来的防护林调整部分为经济林。20世纪80年代到90年代，水土流失区的植树造林面积增加了37.2%，经济林增加了一倍以上。这些经济林的建设促进了当地经济的发展，当地农民也因此获得了切实的经济效益，充分调动了农民参与水土流失防治工作的积极性。"爷爷继续说道。

赳赳吃完饭后，放下手中的筷子，擦了擦嘴，继续一脸认真地看着爷爷。

爷爷一边收拾碗筷，一边继续说："除了这些以外，种植沙棘并将其开发利用，也是实现经济发展和防治水土流失的重要举措。截至2022年6月，我国沙棘林总面积已经达到了1910.44万亩。沙棘资源不仅仅在防治水土流失方面发挥着重要作用，还具有十分重要的生态效益，有利于改善当地的生态环境。"

熊赳赳听后感到豁然开朗，说："原来在黄土高原进行水土保持工作能有这么多好处，不仅能减少大量的泥沙入河，还能促进当地的经济发展，使环境由坏到好，当地的老百姓一定很开心。"

"说得对，这些举措能够将经济效益和生态效益有效结合，既保护了黄河，又能推动当地人民致富，可谓是一举两得。"

赳赳开心地说："现在我知道了，这样做的结果是当地老百姓不但能吃得饱，而且可以吃得好。"

小小科学家的话

在黄河中游地区，进行水土保持与经济发展并行的举措还有种草种灌发展畜牧业、推行埝坎经济和庭院经济，以及改造沙漠、发展绿洲农业。这些措施都将经济效益和生态效益紧密结合，能够改变黄河中游地区的生态环境。

万里黄河第一坝

临近期末，赳赳放学一回家，就央求爷爷："爷爷，您继续给我讲有关黄河中游地区的故事吧。"爷爷听后，摇着头说道："不行，你马上就要期末考试了，要好好复习，等考试结束之后，我带你去黄河中游地区旅游。"赳赳听到爷爷说可以去旅游，便开心地跑进房间，认真复习功课。

期末考试结束后，爷爷带着赳赳外出旅游，他们的第一站便来到了三门峡大坝。

"爷爷，这座大坝真壮观，就像一座坚不可摧的堡垒。没来之前，总以为黄河水都是黄的，现在才知道这一段黄河水并不黄。"赳赳发自内心地说道，又问爷爷，"为什么这里叫三门峡？"

爷爷说："三门峡是因神门峡、鬼门峡和人门峡而得名。相传是在大禹时期，为了疏浚河道，大禹斧劈高山，形成三道峡谷。"

赳赳问道："那我们现在所处的三门峡大坝是怎么来的？"

爷爷说道："这座大坝是新中国成立后在黄河上修建的第一座水利枢纽，全国各地的水利专家都来到三门峡，就是为了修建这座大坝。1957年开工修建，历时四年，于1961年修建完成。"

"那为什么第一座大坝要修建在这里，而不是其他地方呢？"赳赳好奇地问道。

知识点

通俗地讲，水力发电是利用河流、湖泊等高处的水流向低处流动的过程中，水流产生的动力来推动发电机运转产生电能。

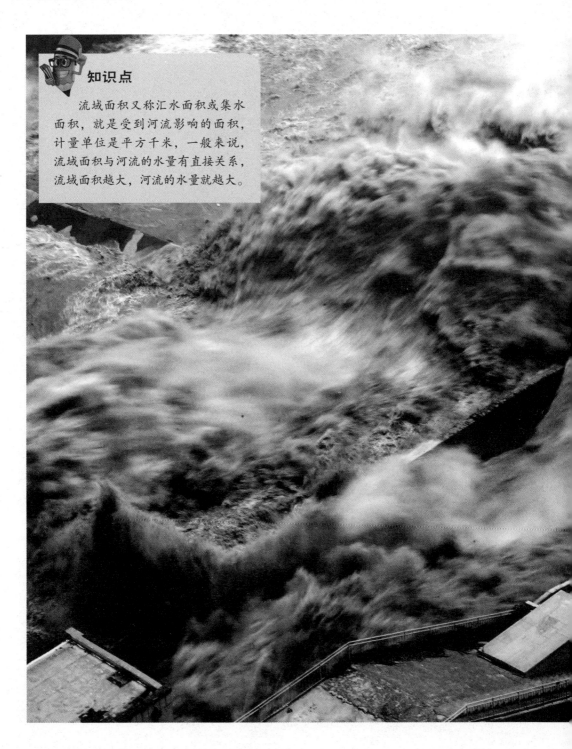

知识点

流域面积又称汇水面积或集水面积，就是受到河流影响的面积，计量单位是平方千米，一般来说，流域面积与河流的水量有直接关系，流域面积越大，河流的水量就越大。

▼ 三门峡大坝泄洪

　　"当时之所以选择在这里修建大坝，是因为这里有许多修建大坝的有利条件。首先，这里是整个黄河中游地区河道最窄的区域，截流更加容易，而且此处河流湍急，大坝建成后更有利于水力发电；其次，这也是黄河在中游地区的最后一个峡谷，在这里修建大坝，能有效拦截洪水和泥沙进入下游。"

　　"爷爷，那为什么这里的黄河水不黄呢？"赳赳问道。

　　"那是因为在每年的10月到第二年的6月，三门峡库区就会蓄水，最终会形成一个巨大的湖泊，黄河水在这里得到沉淀，大量的泥沙沉入湖底，水中的含沙量减少，所以这里的黄河水不黄。"爷爷耐心地说。

　　赳赳继续问："原来是这样。那这座大坝的修建对黄河的治理产生了哪些影响？"

　　"三门峡大坝控制的黄河流域面积达到68.8万平方千米，相当于黄河总流域面积的90%以上，能阻挡大量的黄河水进入下游，同时上游泥沙的98%都会被大坝拦截下来。也正是因为这样，三门峡大坝成功地解决了黄河多次决口的情况，为黄河两岸人民的生存发展提供了保障。"爷爷说道。

　　爷爷喝了一口水，继续说："除了防

洪拦截泥沙以外，三门峡大坝的发电和灌溉功能也不容小觑。除了发电之外，黄河下游沿岸地区70个市、县能够用上三门峡库区的蓄水进行灌溉，这些地区平均每年引水量超过100亿立方米，而且库区蓄水使潼关河道水位升高，山西省引黄灌溉的面积超100万亩。"

"哇，原来修建三门峡大坝有这么多好处，不愧是万里黄河第一坝。"赳赳开始拍照，他想把这里的美景带回去给同学们看，"爷爷，我们早点回去休息吧，明天还要去下一站。"

爷爷笑着说："好，回去吧，好好休息，明天我们去参观黄河中游的另外一座著名的工程——小浪底水得枢纽。"

小小科学家的话

无论是古代还是现代，大坝的修建都需要考虑众多的影响因素，通常情况下，在大坝修建之前，工程师会先进行地形测绘和地质勘查，从而绘制精确的地形图和地质图。在修建时，河流的情况、周围山脉的情况以及岩石的硬度不同，建造大坝的方法就不同，而且修建之前会提前截流，把河水引到别处，使大坝施工的地方处于相对没有水的状态，以方便施工。

▼ 三门峡大坝

高峡出平湖——小浪底水利枢纽

在领略了三门峡的美丽风光后，赳赳对接下来的旅行更加期待。一觉醒来，赳赳便迫不及待地前往爷爷安排的下一个目的地——小浪底水利枢纽。

"高峡出平湖。"赳赳看着眼前的巨大水库，忍不住说道。

爷爷摸着赳赳的小脑袋，说："我们现在身处晋豫黄河峡谷中，眼前的水库是在小浪底镇修建而形成，整个水库十分巨大，水库长130千米，库区总体面积272.3平方千米。在小浪底大坝成功截流之后，库区内形成了西霞湖、大坝湿地公园、张岭半岛度假区等风景区，这些景区和晋豫黄河峡谷、黄河三峡、雄伟的水库大坝一起，形成了'高峡出平湖'的自然景观。"

赳赳听了之后，说："真想把这些地方都参观一遍。爷爷，小浪底看起

知识点

黄河三峡是指黄河之上的炳灵峡、刘家峡、盐锅峡。三大峡谷景观是我国的4A级旅游景区，位于甘肃省中部西南的永靖县，同时也是国家级地质公园和丹霞国家地质公园，有中国彩陶之乡、傩（nuó）文化之乡、中国水电之乡、中国花儿之乡等多个美称。

来比三门峡大坝更加雄伟壮观。"

爷爷笑着回答："那当然了，小浪底水利枢纽是我国跨世纪的第二大水利工程。"

听到这里，赳赳立马急切地说："那长江三峡大坝一定是跨世纪的第一大水利工程。"

"说得没错，想不到赳赳的课外知识还挺丰富的。"爷爷竖起大拇指说。

知识点

　　渭河发源于甘肃省定西市渭源县鸟鼠山，流经甘肃省、陕西省的关中平原等地，至陕西省渭南市潼关县汇入黄河。

　　起起嘿嘿一笑，心想："黄河上不是已经有三门峡大坝了吗，为什么还要再修建一个小浪底水利枢纽？"于是便向爷爷说出了自己的想法。

　　爷爷回答道："小浪底水利枢纽的修建和三门峡大坝有很大的关系，小浪底水利枢纽修建完成后，具有防洪、泄洪、发电、清淤的功能，这四个主要功能中，清淤是最关键的功能。"

　　起起好奇地问："为什么小浪底水利枢纽会多一个清淤的功能？"

　　爷爷说："这就是为什么我说小浪底的修建与三门峡大坝有很大的关系。在三门峡大坝修建完成之后，处于上游的渭河水位抬高淤塞，导致耕地被淹，人口被迫迁移，所以不得不再修建一座水利枢纽来解决这些问题，小浪底水利枢纽是人们在吸取经验教训后修建的，很好地弥补了三门峡大坝的缺陷。"

　　起起听了之后，继续问道："小浪底水利枢纽到底是怎样清淤的？"

　　爷爷指着小浪底出水口说道："调水调沙实际上是利用水库蓄水蓄泥

小小科学家的话

瞿塘峡、巫峡和西陵峡合称为长江三峡，三峡大坝是三峡水电站的主体工程，也是目前世界上最大的混凝土水力发电工程，位于湖北省宜昌市境内的三斗坪，与下游葛洲坝水利枢纽工程相距38千米。三峡大坝高185米，蓄水高度可达175米，库区长度超过600千米，是全世界装机容量最大的水力发电站。

沙、流量调节两个功能来形成一个接近泥沙输运理想值的人造洪峰过程，在小浪底大坝形成异重流排沙，水库的泥沙就能够有效排出，水库淤积速度因此减慢。"

爷爷停顿了一下，继续说道：

"小浪底水利枢纽的建成很好地调节了黄河径流，枯水期向下游供水，缓解下游旱情；丰水期蓄水，减缓下游防洪压力。在每年的汛期来临之前，小浪底水利枢纽就会进行排水，腾出防汛库容，为即将到来的汛期做好准备。每年小浪底大坝排水时，好似黄龙飞吐，浊浪排空，大有一泻千里之势，是小浪底水利枢纽的一大壮观景象。"

"可惜我们这次来没有看到这么壮观的景象，不过我很开心能实地了解小浪底水利枢纽，这下我对黄河上的水利枢纽又多了一些了解。"赳赳看着爷爷说道。

▲ 渭河

"千里黄河一壶收"

天刚微微亮，窗外的小鸟叽叽喳喳叫个不停。熊赳赳揉了揉眼睛，睡眼蒙眬地起了床，走到爷爷身旁，推了推爷爷，喊道："爷爷，爷爷，快起床，天已经亮了，我们该收拾东西出发了。"

爷爷从床上坐起，一边穿衣服一边说："你起得可真早，快去洗脸刷牙，我这就起床。"

赳赳大声地说："嗯。"然后就去洗漱了。

收拾好东西，吃过早饭，赳赳和爷爷便出发了。坐上汽车，赳赳这才想起来还不知道今天要去哪里。于是赳赳问道："爷爷，您还没告诉我今天是去哪里参观呢。"

"前几天我们去了三门峡和小浪底，这两个地方的水利工程都是人工修建的，今天我带你去看看黄河上的自然景观，让你领略一下大自然的鬼斧神工。至于是去什么地方，暂时先不告诉你。"爷爷故作神秘地说道。

"我知道，爷爷是想给我一个惊喜。"赳赳看着爷爷笑着说。

过了半个小时，依然还没到目的地，赳赳有点不耐烦了，嘴里开始嘟囔："怎么这么久还没到？"

爷爷看了看赳赳，安慰道："不要着急，要想看到优美的景色，就需要足够的耐心。"

突然，赳赳听见"哗哗哗"的水流声，连空气中都弥漫着水的味道，赳赳明白终于到达目的地了。

下了车，爷爷拍了拍赳赳的小脑袋，指着远处说："你看，那是壶口瀑布，是我国第二大瀑布，仅次于黄果树瀑布，位于黄河中游，也是世界上最大的黄色瀑布。"

爷爷继续说道："壶口瀑布是一个天然瀑布，是黄河流经晋陕峡谷时形成的，是黄河中游的著名景点之一，每年都吸引着成千上万的游客来这里欣赏黄河的翻涌奔腾之势。"

赳赳兴奋地说："这里的黄河气势磅礴，今天我才知道什么叫真正的壮观。"

"这里确实很壮观，但壶口瀑布在这么多年里一直处于不断变化之中，河床一直处于被河水侵蚀的状态，瀑布不断向后移动，加上近些年黄河水量的减少，河床两侧岩石剥落、切割、崩塌现象日益严重。"

赳赳望着爷爷，说："爷爷，您继续说吧，我想听。"

"好。由于水流的冲刷作用和地

▲ 壶口瀑布

知识点

壶口瀑布上游的黄河水面宽约250~300米，黄河流到此处，黄河水面在短距离内被压缩到20~30米的宽度，河口收束在一起，就像茶壶的口一样，因此得名壶口瀑布。

▲壶口瀑布

知识点

　　晋陕峡谷，始于内蒙古托克托，在山西省河津市禹门口结束，全长725千米，虽然它的流域面积仅占黄河的15%，但这一河段的含沙量占黄河的56%。在这段峡谷里，奔腾的大河与飞扬的黄土并存，是中国最美的峡谷之一。

质作用，这里形成了很多地貌景观，如涡穴、河心岛、侧蚀洞穴等，并且还有很多能反映黄河沿岸人们生活的古建筑、古渡口、石刻等历史遗迹遗留下来。"

　　赳赳不由感叹道："原来这里不仅仅只有自然景观，还有很多具有重大意义的历史遗迹。不管是自然景观还是遗迹，都应该好好保护起来。"

　　"当然应该保护起来，国家已经成立了黄河壶口瀑布国家地质公园，设立保护区，根据保护区内不同地质遗迹的分布和特点，合理划分不同的功能区，在保护研究这些地质遗迹的同时，旅游业也能得到合理开发。"爷爷答道。

　　爷爷指着远处的地貌景观说道："而且由于地质遗址的不可再生和脆弱性，在开发旅游的时候，大力宣传地质方面的知识，也能加强人们对自然生态环境的认识。保护这些遗迹是这个地质公园的重中之重，采取将保护和利用相结合的措施，坚持以利用促保护，以保护求利用的原则。还积极采取生物措施和工程措施相结合的方式，对黄河河道及附近各支流，一律按国家政策'退耕还林还草'，平整周围土地，进行水土流失治理。同时还建立了完善的水量调度管理系统，合理调配各区域的用水量，以免出现断流的情况。

　　"正是在这样的保护下，我们才能看到现在这些美丽的景观，一定得好好珍惜并保护它们，知道吗？"

　　赳赳拉着爷爷说："我知道了，参观的时候坚决不破坏它们。"

小小科学家的话

　　从稀缺性、完整性和优美性来看，黄河壶口瀑布国家地质公园内的地质遗迹在世界上十分罕见。其中包括瀑布一处，保留完好的冲蚀凹槽7处，侧蚀洞穴5处，约5千米长的谷中谷，涡穴30多处，较典型的节理群约有20多处，有多处动植物化石遗迹。

加强黄河支流的治理

▲ 渭河，陕西省咸阳段

一晃又到了周末，一大早，熊赳赳就起床了，他跑进爷爷的书房，抬头看着墙上挂的中国地图，似乎在地图上寻找着什么。

爷爷走进书房，问他："你在地图上找什么？"

赳赳激动地说："爷爷，我昨晚做了一个梦，梦里您和我坐着船在黄河中游游览，然后小船漂到了黄河中游的支流里面，我想在地图上找找黄河中游的支流在哪里。"

"原来是这样。你先坐好，我来给

知识点

渭河，古称渭水，是黄河的第一大支流。汾河，别名汾水，是仅次于渭河的黄河第二大支流。

▼ 黄河风光

你讲讲黄河中游的支流，以及这些支流的治理与保护情况。"

听到爷爷这样说，赳赳连忙端端正正地坐好。

爷爷走到墙边，把地图取下来，放在赳赳面前的桌子上，随后坐在赳赳身旁，说："黄河中游有很多大大小小的支流，渭河、汾河你大概都知道，今天我要讲你以前不知道的两条支流。"

赳赳大声地说："好，谢谢爷爷。"

爷爷用手指着地图说："我要讲的第一条支流叫窟野河。窟野河是黄河中游重要支流之一，发源于内蒙古，在陕西汇入黄河，全长242千米。窟野河下游在陕西境内，两岸均为黄土

区，由上而下丘陵沟壑逐渐增多，流域内水土流失严重，河水中有大量的泥沙，黄河粗泥沙主要来源于此，6月至9月输沙量多，12月到次年2月输沙量较少。"

赳赳把脑袋伸了过去，看着爷爷指的地方，问道：

知识点

从古至今，无定河的名字多次变化。古代称为生水、朔水、奢延水。唐五代以来，因流域内植被被破坏，水土流失严重，并且流量不定，深浅不定，时清时浊，所以有恍惚（忽）都河、黄糊涂河和无定河之称。无定河在河水清澈时，景色优美，犹如江南美景，宋代诗人苏轼有"故知无定河边柳，得共中原雪絮春"的诗句。

"那人们是怎么治理这条支流的？"

"就像黄河干流一样，在支流流域内，建设了上千座淤地坝，同时配合生物措施，大面积种植林草，治理修复了大面积的水土流失区域。2014年，水利部黄河水利委员会制订了《窟野河流域综合规划》，用以解决窟野河存在的水土流失和环境污染问题。此外，窟野河区域设有禁渔期，每年的4月1日12时至6月30日12时禁止捕鱼，禁渔期能更好地恢复河流的生态环境。"

爷爷把手指挪了挪，指向另一个地方，说："第二条支流叫无定河，是黄河中游的重要支流之一，河流全长491千米，流域面积30260平方千米，流经风沙区和黄土丘陵沟壑区，流域内水土流失严重，每年有超过1.5亿吨

▼景泰川电力提灌二期工程，一号泵站，景泰县五佛乡沿寺

▶汾河夜景

的泥沙进入黄河，汛期的泥沙输送量是一年中最多的。"

赳赳看着爷爷说："看来这条河流的水土流失问题也很严重。"

"确实是这样，因此国家采取了很多措施进行治理。新中国成立后，无定河流域的水土流失治理工作就开始有序进行，从20世纪50年代到80年代，治理规模由小到大。经过多年治理，无定河流域的水土保持工作成效显著，取得了许多重大成果，到20世纪80年代初期，共建有水库261座、淤地坝9000多座，大量的梯田在无定河流域建设完成，植树造林面积超过4000平方千米，成功治理面积占水土流失总面积的1/4。2017年，陕西省决定对无定河流域进一步加强综合治理，治理措施在2017年正式开始实施，预计于2025年结束，计划总投资177.7亿元，目标是将无定河打造成安全、和谐、优美的'塞上玉带'。"

赳赳听得入了神，感慨地说："原来黄河中游的支流也有严重的水土流失，但好在人们一直在治理，就算再严重的水土流失最终也能够治理好。"

爷爷把地图重新挂到墙上，回头看着赳赳说："你说得没错，只要坚持不懈就一定可以成功。"

小小科学家的话

渭河、汾河、窟野河、无定河、延河、洛河、沁河等河流都是黄河中游地区的较大支流，在这个区域内总共有30条较大的支流汇入黄河，黄河泥沙主要来源于此，其中存在大量的粗泥沙。该区域的泥沙入河量占据黄河输沙量的一半以上。

守护动植物的家园

吃完晚饭，熊赳赳和爷爷来到客厅看电视。

赳赳拿起遥控器，扭头看向爷爷，问道："爷爷，您想看什么节目，我帮您找。"

爷爷慢悠悠地说："找你自己喜欢看的节目吧。"

"爷爷，我喜欢看《动物世界》。"赳赳开心地说。

随后，赳赳找到了《动物世界》，认真看了起来。

爷爷看着赳赳十分着迷的样子，拍了拍赳赳，说："你记不记得我们去黄河中游几个水利枢纽参观时，看见的那些动植物？"

赳赳立马回应道："记得，记得，我喜欢极了，可惜不能把那些漂亮的动植物带回来，以后我还要再去看看它们。"

◀ 白尾海雕在空中飞翔

爷爷笑着说："傻孩子，那些动植物有自己的家，而且它们都是受保护的，不允许采摘、捕猎。正是因为有了它们，黄河才更加美丽。"

听了爷爷的话，赳赳对那些漂亮

知识点

湿地是陆地和水域生态环境之间的过渡性地带，湿地中的土壤浸泡在水中，在这种特定环境下生长着很多水生植物。湿地内生活着很多珍稀水禽，它们的繁殖和迁徙都离不开湿地，因此湿地有"鸟类的乐园"之称。湿地的生态净化功能十分重要，因而湿地被称为"地球之肾"。

的动植物更加好奇，问爷爷："黄河中游的动植物比动物园、植物园里的还多吗？"

"哈哈哈，动物园、植物园怎么能和大自然相比。黄河中游地区有许多湿地，湿地孕育了多种多样的动植物，仅仅鸟类就有239种，包含白尾海雕、黑鹳、小天鹅等多种国家一级和二级保护鸟类，还有大量的爬行动物、哺乳动物、两栖动物和鱼类。除了动物，这里也有很多的植物，各类植物加起来超过了1000多种。"

爷爷叹了一口气，继续说："可惜由于人类的生产活动对动植物造成了许多不好的影响，一些动植物已经灭绝，还有一些动植物也正处于灭绝的边缘。"

赳赳十分担忧地问："那应该怎么办，才能好好保护它们呢？"

爷爷说："你不用担心，近些年来，人类已经认识到了保护动植物的重要性。我国还积极完善湿地保护区的法律法规，同时加大监管执法力度，严厉打击保护区内的人为破坏环境行

▶黑鹳

知识点

　　无论是陆地、水域或海域，这些区域的自然保护区的生态系统都有着代表性，天然集中分布着珍贵的动植物种群。自然保护区依法受到特殊的管理和保护。

为和盗猎行为，坚决查处使用禁用渔具、毒鱼、炸鱼行为。此外，这些地区积极推进经济结构改革，将经济发展与生态保护相结合，大力发展旅游经济，力求人与自然和谐共处。"

　　爷爷站起来，活动了一下身体，继续说道："目前黄河中游所在区域已经建立了7处湿地自然保护区，设立保护区管理机构，大量专业人员参与其

中，密切观察三门峡库区等区域的珍稀动植物和生态环境，并制订了生物多样性保护科学管理政策。黄河中游地区的各省也统一协调，加强交流，及时交换有关信息。经过这些努力，黄河中游的生态环境得到了明显改善。"

　　"真的很开心我们人类认识到自己的错误，并能够及时弥补，采取了这么多的措施来保护我们的动植物朋友。"赳赳大声地说。

　　爷爷看着赳赳，严肃地说："你以后也要好好地保护动植物，要是别人伤害它们，你要及时劝阻，保护动植物是我们每个人的责任。"

　　"嗯，我一定会的。"赳赳用力地点了点头。

▶小天鹅

保护中华民族的"生命之源"

清晨，阳光透过窗户照射到熊赳赳的脸上，他一下子从床上坐了起来，飞快地跳下床，光着脚丫就朝阳台跑去。

爷爷看着赳赳奇怪的样子，便跟了出去，只见赳赳正拿着水管在给阳台上的植物浇水。

赳赳看见爷爷跟出来，笑着说："爷爷，早上好，我正在给阳台上的花花草草浇水，今天有太阳，它们一定又热又渴。"

看着赳赳一脸认真的样子，爷爷欣慰地说："不错不错，我们的赳赳知道关心照顾自己的'朋友'了。"

这时，赳赳突然想起自己没穿鞋，咧嘴一笑，将手里的水管随手扔在地上，跑进屋里穿鞋去了，穿好鞋后继续浇水。

爷爷一边看一边说："赳赳，你知

小小科学家的话

面对日益严峻的生存环境恶化的情况，我国出台了多部法律来保护各方面的环境，有《中华人民共和国水污染防治法》《中华人民共和国大气污染防治法》《中华人民共和国环境噪声污染防治法》《中华人民共和国固体废物污染环境防治法》《中华人民共和国土壤污染防治法》等十余部环境法律。

不知道你刚才犯了一个错误，你离开的时候没有把水龙头关上，这样会浪费很多的水资源。"

赳赳不以为然地说："没事的，我们的'母亲河'里面有那么多的水，浪费一点也没什么。"

爷爷一听，严肃地说："你错了。黄河水固然很多，但并不是取之不竭的，由于存在一些水资源污染的现象，所以并不是所有的黄河水都可以为人

▼ 黄河风光

类所用。"

赳赳一下子就被爷爷说的话吸引住了，立马问道："为什么呢？"

"黄河流经的地区十分干旱，且存在许多的人口和耕地，农业需水量大，其水资源本身就很匮乏。而且随着社会经济的不断发展，黄河的供水范围和供水量逐年递增，加上近些年来黄河的径流量减少，因此目前黄河水资源存在较严重的供需矛盾。"爷爷说道。

爷爷找来凳子坐下，继续说："除了水资源缺乏以外，在黄河沿岸的城市发展中，有的工业废水、农业污水和生活污水在未经处理的情况下就被直接排放到黄河中。

"工业废水中含有大量的有毒物质，农业污水中也存在有农药、化肥的残留。"爷爷说完清了清嗓子。

赳赳关掉手中的水龙头，走进房间取来爷爷的茶杯，跑到爷爷身旁，问道："那应该怎么解决呢？"

爷爷喝了一口茶，接着说："黄河作为我们的'母亲河'，国家十分重视，设立了专业机构来管理。早在1975年，国务院环境保护领导小组和水利电力部就共同印发了《关于迅速成立黄河水源保护管理机构的意见》，成立的这个保护机构就是后来的黄河流域水资源保护局，它的主要职责是负责监管和处理水污染，以及调查黄河流域内各省之间的水污染纠纷和重大水污染事件。"

"除了设置专业管理机构，我认为国家还可以颁布一些相关的法律法规来解决这些问题。"赳赳看着爷爷说。

爷爷答道："没错，国家确实颁布了相关的法律法规。为了合理开发、利用、节约和保护水资源，防治水害，国家在2002年制定了《中华人民共和国水法》。此外，还制定了《中华人民共和国水污染防治法》，用于水环境的保护。尽管这两部法律并不是为黄河而专门制定的，但给黄河的水资源管理和防治水污染提供了法律依据，而且2016年通过新的《中华人民共和国水法》，使黄河流域水资源保护局等管理机构的法律地位更加明确。

"由于专业管理机构和相关法律的作用，黄河上的水资源利用更加合理，并且人们在面对水污染时，处理得更加快捷合理。"

赳赳惭愧地说："想不到国家为了保护水资源做了这么多努力，我以后再也不浪费水了，我还要让我周围的同学也注意保护水资源。"

爷爷摸着赳赳的头说："很好，水是生命之源，而黄河水更是我们中华民族的生命之源，大家应该用心去保护。"

知识点

黄河流域水资源保护局是水利部黄河水利委员会的直属机构，其前身是1975年6月由水利电力部批准黄委会建立的黄河水源保护办公室，1991年黄河水源保护办公室更名为黄河流域水资源保护局。目前，黄河水资源保护局依然在保护黄河中发挥着重要作用。

第四章 黄河下游的
环境保护与治理

调节水沙矛盾有妙招

"流水来天洞，人间一脉通。桃源知不远，浮出落花红。"这是元代诗人张志纯描写桃花峪的一首诗，当黄河流经桃花峪以后，就进入黄河的下游河段了。

黄河下游河道的总长度是786千米，下游河段海拔最高和最低的总落差为93.6米，区间增加的水量占黄河水量的3.5%。

黄河水流经黄土高原，把大量的泥沙带进了黄河水中，进而带到了黄河下游。早在春秋时期，黄河下游就因为河水浑浊而有"浊河"之称；到

了汉朝的时候，更有人说黄河"河水重浊，号为一石而六斗泥"。正是因为黄河下游河床淤大量的泥沙，所以相对黄河的上中游，黄河下游的灾害更加频发。

大量的泥沙让黄河下游形成了一种特殊的地貌，那就是"悬河"，而黄河的"悬河"，是举世闻名的。

黄河水从上中游带来的泥沙，在进入下游的平原地区之后，由于地势相对平缓，水流速度变慢，泥沙就开始在下游的平原上沉积，导致河床越变越高，人们为了阻止河水决堤，就

不断地加高两岸的河堤，水中的泥沙沉积让河床越来越高，人们就将河堤也越修越高。于是就形成了今天举世闻名的"地上悬河"。有些地方甚至还形成了'二级悬河'，这都增加了黄河决堤的危险。黄河两岸的人们每到汛期，都面临着洪水的威胁。

黄河下游一旦决堤之后，除了造成洪水带来的灾害之外，还会改变它自己的河道。

黄河下游从古至今，九易其道。黄河改道给黄河两岸的居民带来了深重的灾难。黄河河道改道最北边的时候，是从海河入海；改到最南边，流经淮河，入长江。直到1976年的人工改道才正式结束了黄河下游河道的游荡。

在上世纪70年代到90年代，由于人们对黄河的开发利用，使得有段时间黄河下游出现了断流的现象。

当黄河最下游的利津水文站测得的径流量每秒不足1立方米时，就可以判定黄河断流了。这种情况开始出现在20世纪70年代的时候，而后渐渐地，断流一年比一年严重，最严重的是在1999年，甚至出现了连续200多天的断流。断流河段最长的时候，从河南开封段就开始断流。

曾经有水利专家预言说，黄河下游将会在2020年彻底断流。但是当时的人们意识到黄河断流严重的这一情况之后，国家就采取了保护措施，自2000年起，保证黄河下游的水流不断，到今天已有20多年了。黄河也是世界上少有的解决了断流问题的大河。

▲ 黄河风光

难缠的"地上悬河"

这天，爷爷正在沙发上看报纸，熊赳赳突然从卧室里钻出来，坐到了沙发上。

"爷爷，什么是'地上河'啊？"熊赳赳问。

爷爷放下报纸转过头来回答："'地上河'说的是河床高出河两岸地面的河。"

"那什么又是'悬河'？"熊赳赳又问。

"'悬河'就是'地上河','地上河'是'悬河'的别称。"

"哦，那为什么又要叫'天上河'呢？"熊赳赳继续问爷爷。

"这是因为河床比两岸地面高，当有船经过时，从远处看，就好像天上有条河一样，所以当地人也叫它'天上河'。你说的是不是黄河的下游呢？"爷爷反过来问熊赳赳。

"对啊，爷爷，您是怎么知道的呢？"熊赳赳不解，连眉毛都皱起来了。

"那你知道'悬河'为什么会是河床比两岸的地面高吗？"爷爷看着

知识点

河床又叫河槽，指的是一条河流之中被水淹没的部分。它会随着水的涨落而变化，还会受到地形、土壤、水流等影响。

熊赳赳，用手摸着他的后脑勺问。

"是黄河中的沙子让河床变高的。"熊赳赳突然想起之前爷爷说过，黄河水中带有大量的泥沙，所以就这样猜着说道。

"哈哈哈……"爷爷笑了，"不错，河水从黄土高原带来大量的泥沙，到了中原（河南）后，地势慢慢变缓，

▲ 黄河"地上悬河"

知识点

"悬河中的悬河"指的是二级悬河，这是相对于黄河原来已有的一级悬河而言的，就是指在东坝头河段以下的主河槽的河槽底部又平均高于一级悬河的河中滩面的情况。这种情况让黄河成了"悬河中的悬河"。

水流随之变慢，黄河水中的泥沙就在中原下游渐渐沉积下来，这就使河床越积越高，河道两旁的居民为了防止河水冲出河道，便筑起堤坝。千百年来，河床越积越高，堤坝也越修越高，于是就形成了今天的'地上悬河'。"

"那是不是一直要这样，为了不让河水流出来而不断地加高堤坝呢？"熊赳赳说着还用手横在前面，比了个"长高"的手势。

爷爷看着熊赳赳"长高"的手说："其实新中国成立以来，人们为了减轻下游的黄河水灾，在黄河上游修建了多座水库，这就让黄河水多年来流到中游和下游的水保持着中小水流，水小了，黄河水就不靠岸，只是在河中间相对较小的范围内流动。但黄河水中带有泥沙，有泥沙特性，就会在滩区滚动。2010年左右，在黄河滩区生活的人们又在水中修建了许多控导工程，限制了下游黄河水，这就让黄河水在一条相对固定的狭窄的范围内流动，也就是现在意义上的主河槽。

"由于水流范围的缩小受限，泥沙的沉积范围也变小了，就只能堆积在主河槽内，这又使主河槽渐渐抬高，从而又形成了'悬河中的悬河'，同时也带来了很多隐患，比如会危害黄河下游大堤的安全，还会导致洪水水位偏高，也容易破坏掉人们修建的控导工程，若是发生灾害，还会加重滩区的灾害损失。所以说，加高河堤，这并不是一个可以根治的办法。"

"那什么样的办法才能够既不让河床继续抬高，也不让河里的水溢出来形成灾害呢？"熊赳赳看着爷爷。

"其实，河床持续抬高就是因为河水里的泥沙太多，想要从根本上解决'悬河'的问题，还是要从上中游的水土流失问题开始治理，下游能做的，就是疏通主槽，淤填河堤，淤堵串沟，再就是要改善下游的生态环境，从而达到防洪防灾的目的。"

熊赳赳点点头，说道："我明白了，爷爷。"然后就一溜烟跑回了自己的房间。

爷爷一边笑一边摇着头无奈地说："这孩子！"

土地变"咸"了

晚饭过后，爷爷坐在沙发上，想起来之前熊赳赳问的"地上悬河"，就想趁机考考熊赳赳："赳赳，黄河的'地上悬河'是在哪里形成的？"赳赳转过头说："不就是在黄河的下游吗？"

爷爷说："不错，但具体一点讲，是在华北平原。那你知道华北平原黄河沿岸还有其他的什么环境问题吗？"赳赳想起了自己在书上看的内容。"好像还存在着'土地盐碱化'的问题。可是，土地盐碱化是什么意思？"赳赳挠了挠脑袋说道。

"土地盐碱化，简单一点来说，就是土壤中的盐分增加，让土地变'咸'了。"爷爷说。

"那土壤中的盐分为什么会增加呢？"熊赳赳不太理解。

"土地会变'咸'的原因有很多，在自然条件下主要有两种情况：一种是气候干燥并且地下水位高；另一种情况是地势比较低，不能排水。一般来说，地下水都含有一些盐分，如果这个地方的地下水位离地面较近，但是这个地方又比较干旱的话，地下水升到地表之后，水分被太阳蒸发掉了，盐分就留在土壤里面了，日积月累，土地里面的盐分就增加了，这就让土地变'咸'了，从而形成了盐碱地。"

爷爷继续解释道："华北平原的

知识点

土地盐碱化又被称为土壤盐渍化或者是土壤盐化，是指土壤中的可溶性盐类因为某种原因积累在土壤的表层，从而使得土壤表层中的含盐量太高的过程。

土地盐碱化，是因为华北平原的春季降水比较少，气温回升却很快，所以土壤中的水分蒸发得很快，导致土壤中的盐分随着蒸发的水分上升，到达地表面的土壤中；又因为春季比较干旱，为了缓解干旱的情况，当地的农民们常常引黄河水灌溉。"

爷爷叹了口气接着说："不过长期以来，农民们都用的是大水漫灌的方式，也并不注意排水，这就导致了地下水位上升，这又让下层土壤的盐分伴随着地下水的上升升到地表面的土壤中；还有就是华北平原一些近海的区域，由于过度开采地下水，导致地下水位下降，出现海水倒灌现象，使地下水含盐分增多，再加上华北平原春季比较干旱，土壤水分蒸发速度又快，这些海水中的盐分又随着地下水的蒸发到达地面，使地面的盐分增加，形成了盐碱地。"

赳赳问："那土地盐碱化有什么样的危害呢？"

▶盐碱地

爷爷回答道："土壤中的盐分太多，土壤太'咸'，会影响农作物的生长。因为当土壤中的盐分多了，哪怕农民们往土地里浇水，也会让土壤中的植物喝不到水，土壤也无法积累养分；另外，由于土壤中的盐分太高，会让土壤呈碱性，降低农作物对于自身所需的磷、锌、锰、铁、铜等微量元素的吸收利用；土壤中过高的盐分甚至会干扰作物正常的新陈代谢，引起有害物质的积聚，毒害农作物，严重影响农作物的生长发育，甚至会导致农作物死亡。"

赳赳问："那这样岂不是会很影响作物的收成？"爷爷点点头，说："是呀，盐碱地会让农作物缺苗、减产，甚至死亡，严重破坏农作物的生长，造成农民的损失。"赳赳皱起了眉问："那该怎样缓解土地盐碱化的状况，让农民伯伯少损失一点？"

"有办法。"爷爷摸摸赳赳的小脑袋，"其实，黄河沿岸的土地盐碱化问题要追溯到20世纪60年代，那个时候新中国成立没多久，大家还都在努力想办法发展，想办法多生产一点，于是那时候人们就引黄河水来灌溉土地，再加上华北平原的气候原因，就造成了当时大片土地发生盐碱化。"

爷爷向沙发上靠了靠，说："为了缓解华北平原土地盐碱化的问题，1962年3月17日召开了一次会议，叫作范县会议，大家研究决定，停止引黄河水来灌溉田地，拆除阻水工程，让黄河水恢复自然流向，还要积极排水，让地下水水位降低，为了黄河沿岸的土地盐碱化问题共同努力。"

赳赳点了点头："嗯，我们要为保护母亲河贡献自己的力量。"

战洪记

这天傍晚，熊赳赳和爷爷一起，到楼下的小公园散步。

太阳的余晖落在大地上，覆上一层暖色的光。公园的花池旁边有一张长椅，上面坐着一位扇着蒲扇的老爷爷。

赳赳朝着长椅跑去，回过头来朝着爷爷喊道："爷爷，我们来坐一会儿吧。"爷爷在后面慢步跟了过来。

这时候，长椅上的老爷爷起身对赳赳说："你们坐吧。"说着，便拄着拐棍慢慢离开了。这时，爷爷也走到了赳赳的身旁，他告诉赳赳："这位爷爷姓张，他可是经历过大洪水呢！"

赳赳瞪大了眼睛："大洪水？"

"是呀，"爷爷肯定地说道，"就是1958年的那场大洪水。"

"那是一场怎样的大洪水呢？"赳赳问。

爷爷的语气变得沉重起来："1958年7月的那次洪水，十分凶猛，它不仅冲毁了被称为'万里黄河第一桥'的郑州黄河铁路桥的11号桥墩，导致南北交通中断，就连横贯黄河的京广铁路桥也因为受到洪水威胁而中断运营。黄河支流的东平湖洪水波涛汹涌，跃过了大堤，花园口坝的坝基也被冲垮，仅仅是东平湖湖区和黄河滩区，就有大约1700多个村庄被淹没，房屋倒塌30多万间，约74万人受灾。洪水还淹没了耕地300多万亩，十分惨烈。"

赳赳听了爷爷的叙述，被这些庞大的数字吓坏了："天哪，这么凶猛！"

爷爷继续说："不过还好，当年的7月17日，当黄河水情发布后，郑州市迅速组织5000多人防汛，在那一天晚上，又组织了1万多人作为后备力量。

河南省直机关连夜组织了11个大队参加，共有5000多人，河南省军区也派了1000多名官兵连夜赶往花园口。开封市共有3万多人参加，新乡专区组织了5000多个防汛突击队，加起来有38万多人，同时还准备了大批防汛物资。

"第二天晚上，当洪水进入山东境内时，聊城、菏泽这两个地方已经有14万防洪大军严密地守卫在黄河大堤上。每1千米都有30至50人的抢险队员来回察看，还有300至500名群众日夜防守。共200万名的各级干部、人民解放军和群众投入到堤线防守和救护滩区群众的工作中，还有100多万人作为后方支援第二线的预备队，出动船只500余艘、汽车500多辆，还有数不清的马车、架子车、三轮车等，都加入

到这场防洪抢险的战斗中。

"当时，山东省的东平湖上刮着5级大风，再加上下雨，使湖面水位涨高，风带着洪浪越过堤坝，当地的人们抓紧在一夜之间加修了东平湖堤和600千米东阿以下临近黄河的大堤。安山湖是情况最危急的堤段，当时风浪打在堤顶上，把新修的黄河小堤冲塌了，情急之下，人们就用自己的血肉之躯去抵挡洪水，在堤顶上筑成一道人墙，用身体再加上秸料去抵挡洪水的浪涛，经过了十几个小时的奋力拼搏，情况终于转危为安。"

"天哪，人墙！那么大的洪水，黄河水里还带有那么多泥沙，这得有多大的决心和勇气啊，这些人太了不起了！"赳赳听爷爷讲到这儿，不由得

洪水

惊讶感叹。

"是呀，当时的人们为了抵抗洪水，团结一心，众志成城。当时与洪水的战斗，也得到了全国各地的支援，短短几天，足足有200多万条的麻袋、草包从全国各地运来。大批抗洪抢险物资由各个省市源源不断地供应，投入到抗洪抢险之中。人民解放军为守护大堤和拯救滩区群众的生命财产安全，出动了陆军、海军、空军、炮兵、通信兵等投入战斗之中，还调来了飞机、橡皮船和救生工具。"

"这么惊险！"赳赳瞪大了眼睛。

爷爷看着赳赳说："当时的那场洪水，人们抢修铁路桥，并同洪水抢夺修复铁路桥的材料，当时修铁路的材料还包括全国各地运来的钢筋水泥。200万人民苦战10天，在7月27日这一天，洪水终于顺利地流入了渤海。这一次抗洪抢险全靠着军民干部百姓团结一心共同奋战，让洪水没有分流，也没有决堤，顺利地沿着河道流入大海，保护了两岸人民的生命财产安全。可以说，这次与洪水的战斗，是200万军民干部共同的胜利！"

"这么多的人，为了战胜洪水，团结一心，他们是我心目中的英雄！"赳赳由衷地赞叹着。

"嗯，的确，这不仅是黄河的故事，也是当时参与到抗洪抢险队伍之中的每一位军民的故事。"爷爷说。

赳赳看着爷爷："这也是张爷爷的故事。"说完，爷孙俩一起看向张爷爷走去的方向，沿着道路，一抹残阳慢慢地沉到地平线以下。

赳赳和爷爷也起身回家，他们的身影渐渐消失在刚刚降临的夜幕之中。

小小科学家的话

经过1958年的这一次特大洪水，国家开始了大规模的治理黄河工程。习近平总书记在2019年9月18日黄河流域生态保护和高质量发展座谈会上的讲话中指出：治理黄河，重在保护，要在治理。要坚持绿水青山就是金山银山的理念，坚持生态优先、绿色发展，以水而定、量水而行，因地制宜、分类施策，上下游、干支流、左右岸统筹谋划，共同抓好大保护，协同推进大治理，着力加强生态保护治理、保障黄河长治久安、促进全流域高质量发展、改善人民群众生活、保护传承弘扬黄河文化，让黄河成为造福人民的幸福河。

土工织物沉排坝

自从上次爷爷给熊赳赳讲了200万军民共同战胜黄河大洪水的故事后，赳赳对那些与洪水战斗的人们心生敬佩，但同时他的心里也有很多疑问，这不，他又开始向爷爷请教。

"爷爷，您说黄河会有洪水，主要是因为黄河的含沙量大，还有黄河流域夏季和秋季经常下暴雨所导致的，那我们又不能阻止天气不让它下暴雨，雨季的黄河水位肯定要涨，那总不能每一次都弄得像爷爷您说的那样，水位涨起来就立刻去固堤，来不及了就用人墙，毕竟水大了，黄河大堤都被冲毁了，有没有什么办法可以让大堤牢固，不管水位怎么涨，都不能伤到人们啊？"

爷爷看着赳赳认真的小眼神，思考了一下说："嗯，据我了解，好像是有这么个工程，专门是为了加固河堤

知识点

土工织物沉排坝，是用有别于纺织工艺的无纺工艺，将合成纤维经过胶结或纺织、针刺热压等制成土木工程用卷材，来做成大坝，用以护岸、护堤、防止水流冲刷。

而做的。"

"是什么工程？"赳赳瞪大了眼睛。

"这项工程是土工织物沉排坝试验工程。这项工程是从1984年5月1日开始的，在河南省新乡市封丘县做了这么一个工程，替换掉原来的护岸，保护坝基的安全，目的就是为了在水位涨起来的时候不抢救或少抢救。"

"那原来用的是什么材料？很容易被大水冲垮吗？"赳赳问。

"原来可没有这土工织物沉排坝，

知识点

秸柳石结构，是指用柳枝或其他秸软料包裹石块或土袋、用绳或铅丝捆扎而成的圆柱体结构，当取土困难、土量不足、土袋缺乏，而柳料或其他秸料丰富时，会采用这种方法来防漫溢险情。

用的是传统的秸柳石结构，而且是浅基础的施工，这种施工方式一般要在周围预先建成一道用来临时挡水的围墙，叫作围堰，然后还要把堰内的水排干，这么做是为了下一步能够大面积地开挖，最后还要经过多次抢险加固才能稳定，不仅做起来费力，结构

也不安全。"

"但是，这种土工织物沉排坝是怎么被做出来加固到黄河堤上的呢？"熊赳赳继续问。

"这个啊，咳咳……"爷爷戴上老花镜，拿起了平板电脑，在平板电脑上面看了一会儿，开始向赳赳讲解起来："这个工程是从1984年3月就开始进行的设计，刚开始设计的时候，就将大河流量假设为每秒5000立方米，相应水位是80.5米，设计的水深为15米，将土工织物沉排边坡设计为1：2的比例，沉排的排体宽33.5米，另外给石护坡加压。施工是从1984年5月1

▼ 黄河洪水

在我国，虽然土工织物应用起步较晚，但发展很快。首次应用是1976年在江苏省长江嘶马护岸工程中，为防止河岸冲刷，首先使用软体沉排，然后类似的软体沉排陆陆续续被人们应用在江苏省江都西闸和湖北省长江的堤防工程之中。在修建道路方面，土工织物也可以发挥作用，可以使道路的排水更好。

日开始的，因为当时是旱地施工，不靠河，然后按照设计，他们先施工放线，打好三排木桩，然后在放沉排的地方挖深1米，再在底层铺上纵横交错的尼龙绳。"

　　爷爷向下滑了一下屏幕，继续说道："先铺放第一幅排体。在土工织物缝袋的侧向留口子，向里面填充泥土，拍打坚实后铺上一层纵横交错的尼龙绳网，接着再放第二幅排体，和第一幅排体在纵向上缝制成一个整体，按照这个方法一幅一幅拼接，直到完成最后的排体，为了防止日晒，还要将纵向的绳子与土工织物排体布拴在木桩上，并将开挖的土覆盖在排体的表面，最后在排体的尾端修上一道土丁坝，并在临河坡干砌上石护坡。这就是土工织物沉排坝的制作，当时这个实验工程共历时25天，算是黄河下游使用现代土工织物沉排坝的开始。"

　　"那这个试验成功了吗？现在是不是都在用这种土工织物沉排坝来加固河堤呢？"赳赳继续追问。

　　爷爷说："后来人们试验过，确实在同样的水流条件下，土工织物沉排坝要比之前用的那种坝更加安全，出险的次数比之前的坝更加减少，这也算是成功了。可是这种土工织物沉排的沙土有的被风吹走了，导致排体被太阳暴晒，让一部分土工织物受损，降低了排体的寿命。现在，土工织物作为新材料，不仅仅是用来做沉排坝，它也被大量应用在水利、水电等各个领域。随着国家对水利建设投资的加大，这项工艺也被逐渐推广应用在防洪工程中。"

　　赳赳皱着的眉头此时舒展开了："那这样是不是黄河的水灾就能少一些了？"

　　爷爷说："嗯，对的。黄河下游的水灾经过这些年的治理确实已经减少了，但是这也不代表就不需要再治理黄河，保护黄河。在治理黄河的问题上，依旧任重而道远啊！"

黄河自然滞洪区——东平湖

这天，熊赳赳感觉自己发现了一个有那么点神奇的地方，这个地方和黄河有着千丝万缕的联系，赳赳上一次还听爷爷提起过，这次他准备再问问爷爷。

赳赳来找爷爷的时候，爷爷正在研究一盘残棋，他戴着老花镜，手里拿着一本棋谱，看着那残棋棋盘转来转去，还不时地抓抓脑袋。

"爷爷，您猜猜看，我发现了什么？"赳赳跳到爷爷面前兴奋地说着。

"发现了什么？"此时爷爷的目光还是没有离开棋谱和棋盘。赳赳见状，就将爷爷拉到了一张地图前面，赳赳沿着黄河找到了河南省与山东省某一个交界的附近，指着一个湖说："爷爷您看，这是什么？"

爷爷扶着老花镜在图上看了看，

> **知识点**
>
> 东平湖，位于山东省东平县，在古时候又称大野泽、巨野泽、安山湖、梁山泊、蓼儿洼，一直到清朝咸丰年间才将名字定下来，叫作东平湖。东平湖也是《水浒传》中八百里水泊唯一遗存的水域。1985年，山东省人民政府将它评定为省级风景名胜区。

说："这上面不是写着东平湖吗？"

"是，我知道这是东平湖，可是东平湖好像和黄河有着千丝万缕的联系，上次爷爷您讲洪水的时候也提到过。您再讲一讲这东平湖嘛，我想知道这个湖究竟和黄河有怎样的关系。"赳赳着急地说。

"东平湖。"爷爷把手上的棋谱放到一边，坐到了椅子上，"好吧，我来讲一讲东平湖。"

赳赳见状，赶紧搬了一个小板凳

坐到爷爷身旁。

"这东平湖是山东省的第二大淡水湖，如果要说和黄河有什么关系的话，那关系就在于洪水了。"爷爷看着赳赳认真地说。

"洪水？我记得爷爷上次讲200万军民大战洪水的时候，就讲过当时洪水越过了东平湖的湖堤，还淹没了湖区的村庄。"赳赳也看着爷爷说。

"不错，"爷爷点了点头，"因为那是一次特大洪水，如果说是小一点的洪水的话，东平湖的作用就会体现出来，因为它不仅仅是山东省第二大淡水湖，它也是洪水的滞洪区。"

赳赳皱起了眉头，"什么意思？怎么就是洪水的滞洪区呢？"

爷爷说："就是在黄河发洪水的时候，它就会作为一个蓄洪水的水库，将黄河中的水分流出来，这样就可以减轻黄河河道的压力，避免决堤的危险。"

"可是，东平湖是从什么时候开始成为滞洪区的？又是怎样起到分洪的作用的？"赳赳又问。

爷爷说："这就要从新中国成立以前开始讲起了。新中国成立以前，为了防止黄河水向南入侵，曾经在东平湖修过围堤，从西边梁山县十里堡村起，向东一直修到东平城西解河口一线。后来在1949年的时候，发了大洪水，黄河在梁山大陆庄决口，河水倒灌进了东平湖，但也正因为东平湖滞留了洪水，黄河下游洪水对堤防的威胁明显减轻了。"

▼东平湖风景区

▼东平湖风景区

爷爷把手背了背，继续说："因此，1950年7月，东平湖区被黄河防汛总指挥部确定为黄河自然滞洪区，作为确保黄河下游安全的其中一个措施。1958年又修建了东平湖水库工程，使得滞洪区面积减少，但调蓄能力提高。其实东平湖是被分为了两个部分，一个是老湖区，一个是滞洪区：老湖区有耿山口、徐庄、十里堡、林辛4个进湖闸。黄河水进入东平湖经过调节后，水由陈山口、清河口这两个出湖闸泄入黄河。"

爷爷端起桌上的水喝了一口，说："滞洪区有石洼这个进湖闸，一旦分泄的黄河洪水经过调整调蓄后，就由张坝口、柳长河泄水闸和码头泄水涵洞将洪水排出，流入梁济运河，或者向南流入南四湖。这样就算是初步实现了分洪和泄洪的有序控制，让黄河洪水可以有控制地进出东平湖，这样，洪水滞洪区这个称号，从此也就名副其实了。"

赳赳略微皱着的眉头终于舒展开，说："原来东平湖和黄河的关系是这样的，那么这么说，东平湖现在也应该算是治理黄河、调节洪水的其中一个环节了。"

爷爷点点头说："不错，东平湖

小小科学家的话

东平湖作为南北重要的水利枢纽，又有着厚重的文化底蕴。东平湖的开发，要严守生态安全、防洪安全、环境安全底线，要深入挖掘其丰富的文化内涵，融入"山水圣人"文化旅游、大泰山文化旅游，用好用活历史文化资源，确保东平湖生态保护和高质量发展专项规划经得起历史和人民的检验。

作为洪水的滞洪区，为保护黄河下游确实发挥了很大的作用，这东平湖的功劳可不小！它不仅仅为黄河做出贡献，由于它特殊的地理位置，还有'襟三水而带五湖，控汶运而引江河'的重要作用，不仅如此，这儿还有厚重的地方文化，让东平湖成为关键的水利枢纽和文化旅游胜地。"

"哇，那我们有时间一定要去东平湖看看，去感受东平湖的魅力！"赳赳兴奋地说。

"哈哈，好！"爷爷又似乎是想起来了什么，他赶忙拿起那本棋谱，向棋盘走去，"哎呀，我好像想到要怎么破这局棋。赳赳，先不跟你说了，我要潜心研究研究。"说完，爷爷就开始在棋盘上"操练"起来。

神奇的下游凌汛

"随着黄河下游山东境内的河口河段首次出现流凌，至此，黄河的上中下游都进入凌汛期，目前全线凌情稳定。"

熊赳赳和爷爷正坐在沙发上看电视。

"爷爷，啥叫流凌啊，黄河的凌汛期又是啥？"熊赳赳又向爷爷发问了。

爷爷听了以后，反问赳赳："你知道中国的南北方是怎么划分的吗？南方地区和北方地区在冬天最明显的区别是什么？"

赳赳说："南北方地区？不就是秦岭—淮河线吗？南方地区是秦岭—淮河线以南，北方地区是秦岭—淮河线以北。冬天的区别，当然是北方地区比南方地区冷。"

"那赳赳，在冬天的时候，北方的河流会结冰吗？"爷爷又问。

"肯定会，北方地区的冬天，气温会降到0℃以下，水会结冰，河流里如果还有水的话，肯定会结冰的。"赳赳回答。

爷爷说："没错。春天来临，冬天结冰的河流在气温回暖的时候，上游先解冻，下游的河道还没有解冻，水流被下游的冰阻挡，然后水位上升，这种现象就是凌汛。而这种水位上升，有可能就会造成河水决口，发生

知识点

凌汛，又叫作冰排，就是有破裂成块状的冰层在水的表面，冰块会被冰下的水流带动向下游流动，冰层会在河道狭窄处不断累积，从而对堤坝造成的压力过大的现象，这种现象叫作凌汛。中国北方地区的大河容易发生凌汛，例如黑龙江、黄河、松花江等。

洪水。而这个时候发生的洪水，因为下游结冰的缘故，不像暴雨季那样，可以将水拦在河道以内，让水流入海洋，所以十分危险。而在河水还没有完全解冻之前，有时会出现冰块在水中流动的现象，这流动的冰块就叫作流凌。"

"所以，黄河会出现凌汛和流凌也是这个原因吗？"赳赳继续问。

"嗯，黄河下游的凌汛比较严重，因为黄河河道是呈一个巨大的"几"字形，下游的河道是西南—东北流向，上段的河道更靠南方一点，所以冬天的时候冷得晚，春天的时候回暖早，而下段河道相对于上段河道来讲，冬天的时候冷得早，春天的时候回暖晚。除此之外，黄河下游的河道弯又多又窄，冬天封河和夏天开河的时候冰块容易被卡住，形成冰塞、冰坝的状况，这就是下游河道形成凌汛的原因。"

爷爷的语气突然变得严肃，看着赳赳认真地说："曾经有统计，从1950年到2004年的55年期间，山东河段有48年都是被冻住的，其中还有8年出现了比较严重的凌汛情况。在2018年的时候，山东河段也出现了较为严重的凌汛情况。"

"天哪，那有没有什么办法可以解

决黄河凌汛的危机呢？"赳赳继续问。

"有办法，"爷爷说，"一般来说，这就需要多方面的配合了。首先是相

▼黄河内蒙古段冰凌堆积区（俯瞰）

关部门要加强对凌情的观测和预报，让人们掌握冰凌和气象资料，这样就让接下来的防凌工作更加有依据和有把握。其次是可以运用水库的调蓄功能，比如之前爷爷告诉你的小浪底水库、三门峡水库，还有东平湖水库，

▲ 冬季的黄河山东平阴段河面上飘满了一块块冰坨、冰块

知识点

冰塞，是指冰块塞住了河面。冰坝的样子像一座用冰块堆成的堤坝，是指流冰在浅滩处或河道狭窄的地方堆积起来，塞住了整个河流的横断面。

都可以被利用起来，在回暖的时候有效调节和控制黄河下游的水流量，以此来减轻黄河下游的凌汛威胁。甚至可以利用水库发电来控制水温，让水库下游一段距离的河段不封冻。再次就是可以在开河的时候通过沿岸的涵闸或者分水工程将水和流凌都分离出去，减轻冰凌威胁，但是这就要在汛期之前保证涵闸的检修以及渠道的清淤，避免在分水的时候出现卡凌、阻塞的现象。

"最后，我们也可以采取强行破冰的方法，比如用炸药、炮打、人工打冰等方式将冰层炸开，主要是为了扩大冰层断面，增大河道的排冰能力，然后慢慢地疏导冰凌下泄，减少冰凌的阻塞。当然，这需要专业的破冰人员提前根据凌情信息来制订破冰计划，选择合适的破冰位置，否则可能适得其反，必要的时候，还会出动破冰船来破冰。这些都是防凌的措施，利用好就可以防止凌汛变成灾害。"

"哦，我明白了。之前我看电视里的图片，还觉得那些冰在水面上流着，再加上阳光的照耀反射出的光线，也不失为一种美景。现在看来，可真危险！"赳赳抱着自己，还打了个寒战。

爷爷摸了摸赳赳的脑袋说："嗯，是呀，黄河虽然被叫作'母亲河'，可是发生的灾害也是不少的，还需要我们的努力，让黄河这条'母亲河'，成为造福百姓的河。好啦，熊赳赳小朋友，我讲完了，你也该去睡觉啦。"

"嗯。"赳赳乖巧地点点头。

小小科学家的话

"重在保护，要在治理。"——这是习近平总书记2019年下半年到2020年上半年四次考察黄河之后为黄河流域生态保护和高质量发展定下的重大原则。在这一国家战略中，"生态保护"在"发展"之前，是根本前提，也是重要保障。在习近平总书记看来，黄河生态系统是一个有机整体，黄河治理是一项系统工程，"要充分考虑上中下游的差异"，"上下游、干支流、左右岸统筹谋划"。

变换的河道

这天，熊赳赳放学回来，一进门就喊道："爷爷，您在哪里呀？"

"我在这儿。"爷爷正在阳台上浇花，听到赳赳的呼唤，答应着走过来。

"爷爷，今天地理老师布置了一个作业，让我们查一查近代到现在黄河都经历了哪些河道的变化，还要知道为什么。"赳赳期待地看着爷爷。爷爷看了他一眼说："你们老师布置的作业，你可以去网上查一查资料嘛，现在网络非常方便。"

赳赳一把抓住了爷爷的胳膊摇晃着说："爷爷，我想听您讲嘛，您讲的比网上讲的有意思。"

爷爷赶忙说："好了。我们坐下说。"

赳赳放开了爷爷的手说："好。"

爷孙俩来到阳台坐下，赳赳认真地盯着爷爷，等着爷爷讲述。

"黄河以'善淤、善决、善徙'而著称，有'三年两决口，十年一改道'的说法。我就先给你讲一讲黄河改道的原因，一般在自然状态下，黄河的改道是因为黄河水中的泥沙较多，将河床抬高后，水就从两岸决口流出，形成洪水，原来的河道因为河床被抬高，所以水流不再从原来的河道流走，反而是顺着决口的地方流，然后新的河道就形成了，这便是黄河自然状态下的改道。"

赳赳听完，反问爷爷道："那也就是说，还有不是自然状态下黄河的改道吗？"

"是呀，有的时候，因为某一些原因，想要让黄河从人们设定好的路线流过，于是就人工挖河道，让黄河水从定好的路线流入大海。"

赳赳想了想："那黄河改道的最主

知识点

改道，是指因为河床抬高，河流决口后放弃原来河道而顺着新的地方流动并形成河道的现象。

要的原因就是因为黄河决口吗？"

爷爷点了点头，说道："自然状态下的改道是这样的。水利部黄河水利委员会曾经统计过，在鸦片战争之前，黄河下游决口1500多次，大的改道有26次，黄河的下游就像是神龙摆尾，曾经改到最北边，从海河入海，改道的最南边，流经淮河，甚至流入了长江。"

赳赳听后十分惊讶："黄河下游的河道改动这么大，还和长江一起流过！那近代黄河都经历了哪些改道，爷爷您还没说呢。"

爷爷看着赳赳迫切的样子，说："好，我现在继续讲。中国近代，从鸦片战争开始算的话，黄河在1841、1842、1843、1851年分别发生了4次大的决口，主要原因都是下游河道淤垫。后来在1855年的时候，黄河又在河南兰阳的北岸决口，黄河水先流向西北，后来转向东北，又顺着山东的大清河流入渤海。不过就在这一年，黄河又在兰阳决口，又将它的'尾巴'摆了回去，顺着现在的河道，流入渤海。

"在1938年抗日战争的时候，蒋介石为了阻止日军入侵郑州，命令士兵扒开位于郑州花园口的黄河大堤，借黄河造成洪水来阻挡日军入侵的脚步。当时的黄河冲出大堤后向南流，流到淮河里。直到1947年将花园口大堤修复后，黄河才回归了它原来北边的河道，从山东垦利县流入大海。"

"那新中国成立以后黄河改道过吗？"赳赳继续问。

"有啊，新中国成立以后，人们为了控制住黄河'三年两决口、十年一改道'的状况，就采取人工改道，经历过三次人工改道之后，黄河入海的河道才被人们掌控。黄河下游第一次人工改道是在1953年，在山东垦利县，当时提出要将黄河、甜水沟、神仙沟三河归一的请示，经批准后，民工队奋战三天，挖出了一条引河，让三条河流流向一处，按照人们的意愿，黄河水通过引河，由神仙沟流入渤海。

"第二次是在1964年，那年冬天，黄河入海口的小沙汊河被冰卡住了，河水流不出去，就溢出来形成了洪水，围困了现在的黄河口镇，所以人们不得不爆破分水，然后黄河就从北边流入。

"第三次改道是因为胜利油田在黄河三角洲的开发，当时是1976年，那时的黄河已经经过了7年多的入海改道清水沟的前期工程，在这一年，这一计划得到国务院的批复终于开始进入实施阶段。在罗家屋子，黄河被成功截流，黄河水也按照人们的意愿从清水沟注入渤海，一直到现在，改写了黄河入海口处的河道任意摆动的历史。"

"那是不是黄河改道的历史就讲完了呀？"赳赳眨巴着眼睛看着爷爷。

"是呀，"爷爷站起身来，"讲完了，快去做作业吧。"

"好，"赳赳拿起书包，"那爷爷以后还要给我讲关于黄河的故事哦。"

爷爷笑了笑："哈哈，好，快去吧。"

▲ 胜利油田

黄河"断流"记（一）

妈妈今天回来的时候，买了几个苹果，刚一进门，熊赳赳就注意到了，他开心地迎上去："妈妈，您这是在哪里买的大苹果，不知道它甜不甜，要不然我先来帮您尝一尝吧！"

妈妈看着满脸笑容的赳赳说："你呀，馋就馋，还帮我尝一尝，想吃就直说。好了，想吃就把苹果拿去洗吧，记得要先拿给爷爷吃哦！"

"知道了。"赳赳接过苹果就奔到了厨房。然后就听见赳赳失望的声音："妈妈，好像停水了！"妈妈回答道："那就没办法喽。"她无奈地耸了耸肩："赳赳，那就把苹果放到冰箱里吧。"

"好吧。"赳赳一副失落的表情，把苹果放进冰箱后，就去找爷爷，他告诉爷爷家里停水了，然后坐在了爷爷身边。

爷爷看着赳赳不太高兴的样子，就告诉他："其实家里停水也未必是件坏事。"

赳赳抬起头来看着爷爷："不是坏事，这怎么说？"

爷爷说："停水呢，就相当于在提醒我们，要节约用水，毕竟淡水资源很紧缺，这就像是提醒人们节约用电的那个'地球一小时'活动一样，可以省下不少水呢。这难道不是一件好事吗？"

赳赳点了点头："嗯，好像还挺有道理的。"

爷爷又继续说："其实说到停水，那你知不知道，黄河下游也停过水。"

"黄河也停过水？"赳赳瞪大了眼睛，"爷爷您快说说这是怎么回事。"

爷爷开始说道："这件事情啊，要追溯到20世纪70年代，那个时候，由

知识点

厘，一种计数单位，此处是人民币单位，一分钱=10厘钱。

于黄河中游的水土不断流失，河床不断淤积，黄河下游'地上河'的河床不断抬高，没有支流可以汇入其中，也没有地下水可以补给，且越是干旱的季节渗水越是严重。"

爷爷拍了拍赳赳的肩膀，继续说："那个时候的新中国百废待兴，出于各种生产生活需要，就在黄河的中上游修建了大量的水利工程，而气候也从20世纪50年代开始逐渐变得干旱，这就使黄河下游因为截水多、降雨少而出现频繁的断流。当然，还有一个原因就是水资源浪费惊人。"

赳赳有点惊讶："浪费水资源，居然会导致黄河断流！"

爷爷继续说："用黄河水灌溉，人们主要采用大水漫灌或者其他非常原始的灌溉方式，这些原始的灌溉方式浪费了大量的水资源，且导致土壤次生盐碱化。而且随着经济的发展，人口的增加，黄河流域的水资源也被污染，水的质量明显下降，这让黄河水更加难以被有效地利用，于是浪费加剧，加剧了黄河的断流频次。"

▼黄河山东段

▼华北平原

知识点

利津站是处在黄河最下游的一个水文站，断流的情况十分严重，最严重的时候，甚至见不到一滴水，连河床都干涸了。

赳赳听着不由得担忧起来："那当时的情况岂不是特别严重？"

爷爷看着赳赳说："是的，当时的情况是很严重，毕竟黄河下游在1972年以前，除了人为干预之外，还从来没有发生过断流的情况。而且当时黄河入海的水量越来越少，在20世纪90年代的时候，黄河入海的水量比之前几乎少了一半，而且当时断流的情况很严重，从1972年开始的27年间，也就是到1999年，黄河的山东河段开始频繁出现断流的情况，1997年断流时间最长，创下历史之最，达到了200多天；而且有一次从河南省开封段就开始断流，那是断流路径最长的一次。"

"那是不是对周围的环境也造成了很大的影响？"赳赳继续问。

"嗯，没错。"爷爷接着说，"当时黄河周围的生态环境受到了破坏。因为断流，黄河主河槽萎缩和淤积更加严重，而且让'悬河'之上又背一条'悬河'。黄河三角洲的湿地也萎缩了，自然生态环境遭到破坏，这也让生活在水中的鱼类和栖息在水边的鸟类都减少了，甚至还造成了一些珍稀生物的绝迹，比如黄河刀鱼、东方对虾等等。更为严重的是出现了'河水退、海水进'的局面，对黄河下游的生态系统构成重大威胁，同样这还是诱发华北平原土地盐碱化的原因之一。"

"这么严重！"赳赳说，"那当时有没有采取一些办法，不让黄河断流，甚至是恢复到以前的状态？"

爷爷说："当时那种情况，党和国家都非常重视，治理黄河断流问题的重任压在了当时黄河水利委员会身上，但毕竟跨省区调水，既要考虑灌溉，又要照顾防凌、发电；既要满足生活，又不能忽视生产。想要统一调度，十分不容易。就这样，治黄史上第一份水量统一调度的调水令在1999年从黄委会发出，统一调度黄河水的序幕也就这样正式被拉开。通过多方努力奋斗了10天，干枯许久的利津断面终于迎来了黄河水。"

"那后来呢？"赳赳话音刚落，就听见妈妈喊："赳赳，来水了，快来洗苹果！"

赳赳还想知道后来怎么样了，可是爷爷却对赳赳说："快去吧，欲知后事如何，请听下回分解！"赳赳虽然有点小失落，但他想：没事，我以后还可以继续听爷爷讲。于是就说："好吧，那我去洗苹果了。爷爷一定要记得，还有下回分解哦。"

黄河"断流"记（二）

熊赳赳牢牢记得爷爷说的"欲知后事如何，请听下回分解"。吃完晚饭后，他就满脑子都是黄河断流的事情，爷爷刚才讲到经过人们治理，断流的下游河道终于迎来了黄河水，那后来呢？后来还断流过吗？黄河入海口恢复到以前的水量了吗？迎来了黄河水之后，人们还采用浪费的方式引黄河水灌溉吗？赳赳小小的脑袋里装满了疑问，睡觉的时候，灯都关了，赳赳的眼睛还瞪得老大。

他想了想，还是觉得要去找爷爷问清楚，让爷爷把"下回分解"讲完。

他打开门，悄悄地来到爷爷的房间，发现爷爷房间的灯还没关，爷爷正坐在窗户边，望着窗外，不知道在想些什么。"爷爷，您在干吗呀？"赳赳小声问道，说着便轻轻走进了爷爷的房间。爷爷看到赳赳来了，也小声

知识点

管灌是一种用管道代替水渠的灌溉方式。这种灌溉方式与传统的灌溉方式相比，可以在水传送过程中有效地减少渗入地下的损失，管灌使用的设备相对比较简单，价格比较便宜。这种技术可以在田间推广，比较适合干旱的农田。

地问："赳赳，你怎么来了？怎么还没有睡觉？"

赳赳轻轻地关了门，说："爷爷，我睡不着，您还是把那个下回分解告诉我吧，后来黄河怎么样了？大家有没有一起去保护它呀？黄河后来还有没有断流过？"赳赳一股脑问了很多问题。爷爷看着赳赳十分纠结的样子，就说："好好好，那我讲完你就要乖乖去睡觉哦。"赳赳赶忙答应："好，那爷爷快讲吧。"

知识点

喷灌是一种借助一些手段让水具有一定压力，然后喷到空中，再自然散落形成小水滴落到植物和地面上的灌溉方式。这种灌溉方式不仅节水，还可以调节地面气候，且不受地形限制。

▲ 黄河风光

爷爷盘腿坐在床上，开始了他的讲述："上回讲到利津断面经过多方努力，终于又迎来了黄河水。这也是治理黄河断流的开端。国家从1999年开始统一调度黄河水。时间一晃，就来到了2000年，这个时候的黄河，比正常来水的年份偏干枯，这是新中国成立以后黄河流域第二个枯水严重的年份，但即便再干，人们下定决心不管怎样也决不能让黄河水再断流了，于是，人们建成了小浪底水库一期工程，然后开始调蓄黄河水。"

爷爷换了个姿势，继续说："经过黄委会不懈的努力，终于在2000年这一年实现了首次自1991年以来

知识点

滴灌是一种利用滴头或者是塑料管道，让水通过非常细小的孔口等方式，直接将水送到作物的根部进行灌溉的一种方式，有点像人们生病时打点滴，这种方式十分节约水资源，这也是目前干旱缺水地区最为有效的一种节水灌溉方式。滴灌比其他的灌溉方法具有更高的节水增产效果，同时可以在滴灌的水中加入肥料，提高肥效，科学施肥。

小小科学家的话

党的十八大以来，水利部黄河水利委员会认真落实习近平总书记治水重要论述精神，积极践行水利改革发展总基调，在完善国家统一分配水量、省（区）负责配水用水、用水总量和断面流量双控制、重要取水口和骨干水库统一调度模式的同时，持续强化科学调度和监督管理，发挥了有限水资源的综合效益，确保了供水安全。多次化解流域及相关区域旱情，为保障国家"粮仓"增产增收提供"黄河担当"；实施引黄入冀补淀，滚滚黄河水千里北上润雄安，最大限度支持华北地区地下水超采综合治理行动。

黄河全年的不断流，这也算是治黄河史上的一个标志性的成就了。2000年这次全年的不断流，不仅保证了城乡居民生活和工业用水，同时也改善了河口地区的生态环境，而且还合理安排了农业用水，甚至在这样一个枯水的年份，还完成了向天津市调水的任务。"

赳赳听完，似乎还不是太满意，他接着又问："那现在呢，现在黄河还断流吗？还枯水吗？"

爷爷说："我记得好像有那么一篇报道，说黄河自1999年开始，已经20多年没有断流了，而且现在的生态环境也很不错，'草丰水美、鸟鸣鱼跃'。曾经那里的生态环境因为断流变得恶劣，如今却可以称得上是固守北方生态安全的屏障。"

"那为什么有专家预测，黄河下游会全线断流，甚至变成一条内陆河？"赳赳有点生气。

"那都是多少年前的预测了。你要知道，中华民族向来都是一个善于创造奇迹的民族。到2004年为止，黄河都是世界上唯一一个解决断流问题的大河。"爷爷的语气中带有几分骄傲。赳赳听完也觉得很骄傲："那这么说，我们真的很厉害。"

"是啊，"爷爷继续补充道，"不过治理断流问题，除了统一调水，合理安排使用水资源之外，也要保持水土，植树种草，改善局部气候，提高植被覆盖率，涵养水源，防治水土流失，增加地下径流。当然，让农民们实现科学种田也是很重要的，采用管灌、喷灌、滴灌这些新的节水灌溉法，可以很大程度地节约水资源，保护我们的'母亲河'不再受伤害。"

赳赳听完了以后说："从现在起，我也要节约用水，保护'母亲河'。"

"很好，赳赳。"爷爷满意地点点头，"不过现在，你该去睡觉了吧。"

后 记

从提笔到付梓，这位名叫熊赳赳的小男孩和爷爷已然在无数次的策划会中、键盘声中有了越来越清晰的轮廓，他和我们的读者一起探寻不同的学科领域，感受不同的学术氛围。回顾熊赳赳和爷爷走过的每一处知识王国，每一册图书的正式出版，背后都少不了认真付出的学者与编辑。适逢熊赳赳系列第三套丛书《熊赳赳畅游黄河》即将出版，我们回顾过往，感谢每一位创作者的付出和希望出版社编辑的辛勤耕耘。

感谢《熊赳赳遨游哲学王国》系列丛书的主编陈俊明教授，他用广博的认知为我们串起了一颗颗哲学的明珠，从春秋战国的百家之光到两汉魏晋名士之言，再到唐宋元明清时期的思想瑰宝。感谢《熊赳赳遨游祖国大地》系列丛书的创作者们，从东北、华北、西北、西南、华东、中南六个分区，记录祖国的一山一水之美好。感谢《熊赳赳畅游黄河》系列丛书的主编许强教授，他立足于我国黄河和黄土高原的保护治理之千秋大计，和读者们一起探寻黄河上中下游自然景观、历史沉淀、文明传承、环境保护以及绿色发展的点点滴滴。此外亦要感谢《熊赳赳畅游黄河》系列丛书的课题支持：国家自然科学基金重大项目课题（课题编号：41790445）；四川省社科规划普及项目（课题编号：SC20KP021）。同时，丛书也是成都理工大学的国家自然资源科普基地、四川省科普基地和四川省社科普及基地团队合作的成果。

熊赳赳的故事还在未完待续中，期待您和这个小男孩一起，解锁不同知识殿堂的更多可能。

部分图片作者名录

安保权/FOTOE：P2图
宝忆提供/FOTOE：P13图
曹治文/FOTOE：P86, 111, 112图
陈浩/FOTOE：P120图
陈晓东/FOTOE：P5图
俄国庆提供/FOTOE：P12图
郭国权/FOTOE：P137图
洪景林/人民图片/FOTOE：P101图
黄豁/FOTOE：P158图
姜永良/FOTOE：P8图
靖艾屏/FOTOE：P1, 50图
李军朝/FOTOE：P4, 14, 15, 16, 99, 108图
李俊生/FOTOE：P26, 124图
李全举/FOTOE：封面, P40图
李闪闪/FOTOE：P101图
李勋/FOTOE：P6, 155图
梁铭/FOTOE：P116图
林洪/FOTOE：P77图
林密/FOTOE：P47图
刘建华/FOTOE：P20图
刘军英/FOTOE：P54图
刘筱林/FOTOE：P134图

聂鸣/FOTOE：P23图
聂鸣/FOTOE：P57图
石宝琇/CTPphoto/FOTOE：P66, 67, 118图
孙猛/FOTOE：P87, 104图
万晓林/FOTOE：P115图
王洪章/FOTOE：P143, 144图
吴雍提供/FOTOE：P94图
夏都/FOTOE：P38, 60图
谢甲午/FOTOE：P15, 82, 86图
阎建华/FOTOE：P11图
杨彬/FOTOE：P29图
杨生/FOTOE：P3, 6, 59, 73, 75, 76图
杨兴斌/FOTOE：P121, 122图
尤亚辉/FOTOE：P106图
尤中原 王振/人民图片/FOTOE：P126,149图
于建平/FOTOE：P162图
张波/FOTOE：P80, 81, 93图
张庆民/FOTOE：P21, 31, 34, 36, 37, 62, 64, 70, 96, 128, 140, 150, 157图
张永新/FOTOE：P90图
周沁军/FOTOE：P3, 24图
左冬辰/FOTOE：P32, 78, 85, 130图